Savia

ciencias de la naturaleza

sm

3 primaria

TU LIBRO

Qué importante es...

- proteger los animales.
- la curiosidad científica.
- ahorrar energía...

Comenzarás cada unidad reflexionando sobre un valor a partir de un texto o una imagen.

Secciones más destacadas

CONTENIDOS

- Contextos iniciales e imágenes que ayudan a la comprensión de contenidos.
- Experimentos que complementan los contenidos.

ASÍ SE CONSTRUYE LA CIENCIA

- Conocerás procedimientos que te acercarán al mundo científico.

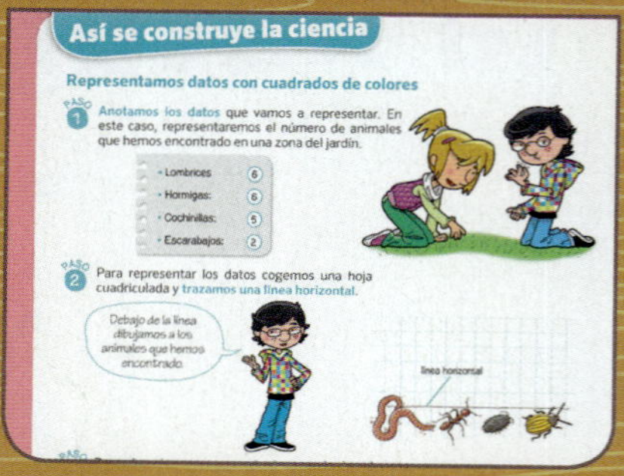

ORGANIZA TUS IDEAS

- Lectura de esquemas.
- Actividades para trabajar con el esquema.

Ponte a prueba

Pon en marcha tus competencias y comprueba lo que has aprendido con la tarea final.

Tu revista

- Interesantes noticias que te servirán para repasar los contenidos de forma lúdica y divertida.

Y además...

Al final de cada trimestre

- COMPRUEBA LO QUE HAS APRENDIDO
- PROYECTO TRIMESTRAL

Tu entorno de aprendizaje Saviadigital

(www.smsaviadigital.com)
Tu sitio en la web para aprender y divertirte.

Ponte a punto

Actividades iniciales para recordar lo que ya sabes y prepararte para seguir aprendiendo.

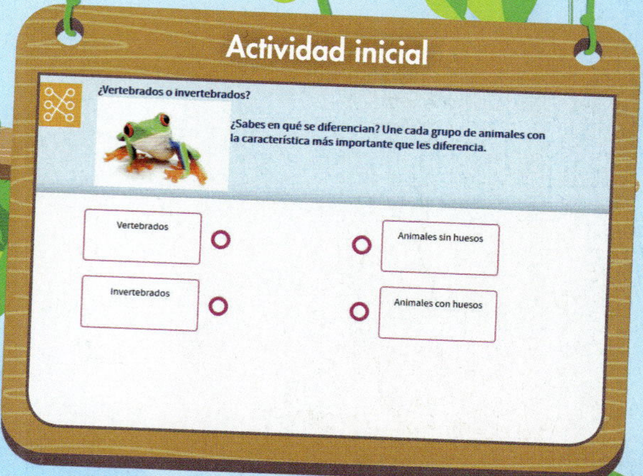

Observa y relaciona/Comprende

Vídeos y animaciones que te ayudarán a comprender mejor los contenidos.

Juega y aprende/Practica

Juegos y actividades. Así todo lo que aprendas no se te olvidará.

Valora lo aprendido

Actividades finales con las que comprobarás todo lo que has aprendido y cómo has trabajado.

Entrar en Saviadigital es fácil:

1. Escribe en internet la siguiente dirección: smsaviadigital.com
2. Regístrate e introduce el número de licencia que encontrarás nada más abrir tu libro.
3. Como solo debes registrarte una vez, anota tu identificador y contraseña.

Índice

Contenidos

Secciones finales

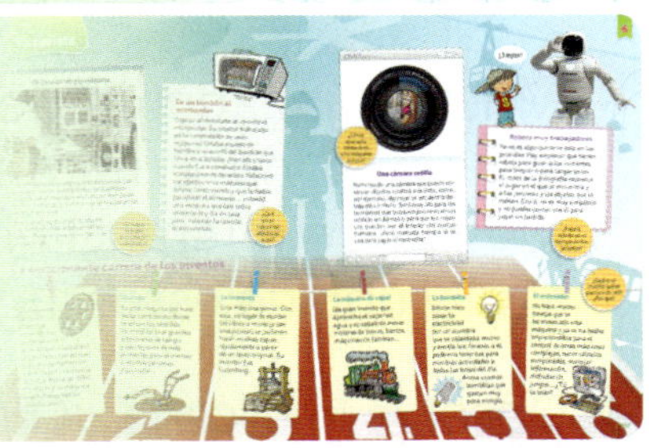

1 Un mundo de animales

Un animal sorprendente

La ballena azul puede medir más de treinta metros de largo, es decir, casi tres autobuses puestos uno detrás de otro. Además, llega a pesar, más o menos, como treinta elefantes juntos. Estos datos convierten a la ballena azul en el mayor animal que ha existido nunca sobre la Tierra.

Tampoco sus bebés se quedan atrás. Cuando nacen, pueden pesar ya más que una furgoneta y medir de largo tanto como un autobús. Durante su primer año de vida, se alimentan de la leche que maman de sus madres y engordan… ¡unos noventa kilos al día!

A pesar de su gran tamaño, el alimento favorito de las ballenas adultas es una pequeña gamba, llamada kril, que vive en las aguas del océano Antártico. ¡Un único ejemplar de esta ballena puede consumir unos 4.000 kilos de kril al día!

Hablamos

1. Contesta a las siguientes preguntas.
   a) ¿Qué comen las ballenas azules?
   algas | gambas | peces | pingüinos
   b) ¿Son herbívoras o carnívoras?

2. Muchos jugadores de baloncesto miden alrededor de 2 metros. Calcula cuántos metros de diferencia hay entre la ballena azul y uno de estos jugadores.

3. Observa la escena. ¿Qué animales, además de las ballenas, aparecen en la imagen?

¡Qué importante es... proteger a los animales!

Cada ser vivo, desde el más grande hasta el más pequeño, es esencial para el entorno en el que vive. Por eso, debemos protegerlos a todos.

Tarea final

Cada animal tiene unas cualidades que lo hacen distinto y especial. ¡Juega y descúbrelas!

1 Las funciones vitales

¿En qué se parecen María y el robot? ¿En qué se diferencian?

Todos los **seres vivos**, como María o una planta, a diferencia de los seres inertes, como un robot, realizan las **funciones vitales** necesarias para crecer y poder vivir. Existen tres funciones vitales: la función de **nutrición**, la función de **relación** y la función de **reproducción**.

La función de nutrición

Todos los días realizamos muchas acciones: nos levantamos, jugamos, estudiamos... y crecemos. Para llevarlas a cabo nuestro cuerpo necesita **alimentos** y **energía.**

¿Cómo obtenemos esta energía? Mediante la **función de nutrición**, transformamos los alimentos que tomamos en la energía necesaria para llevar a cabo las funciones vitales y crecer.

¿Cómo consiguen los seres vivos su alimento? Algunos, como los animales, consiguen el alimento a partir de **otros seres vivos**. Otros, como las plantas, son capaces de **fabricar su propio alimento**.

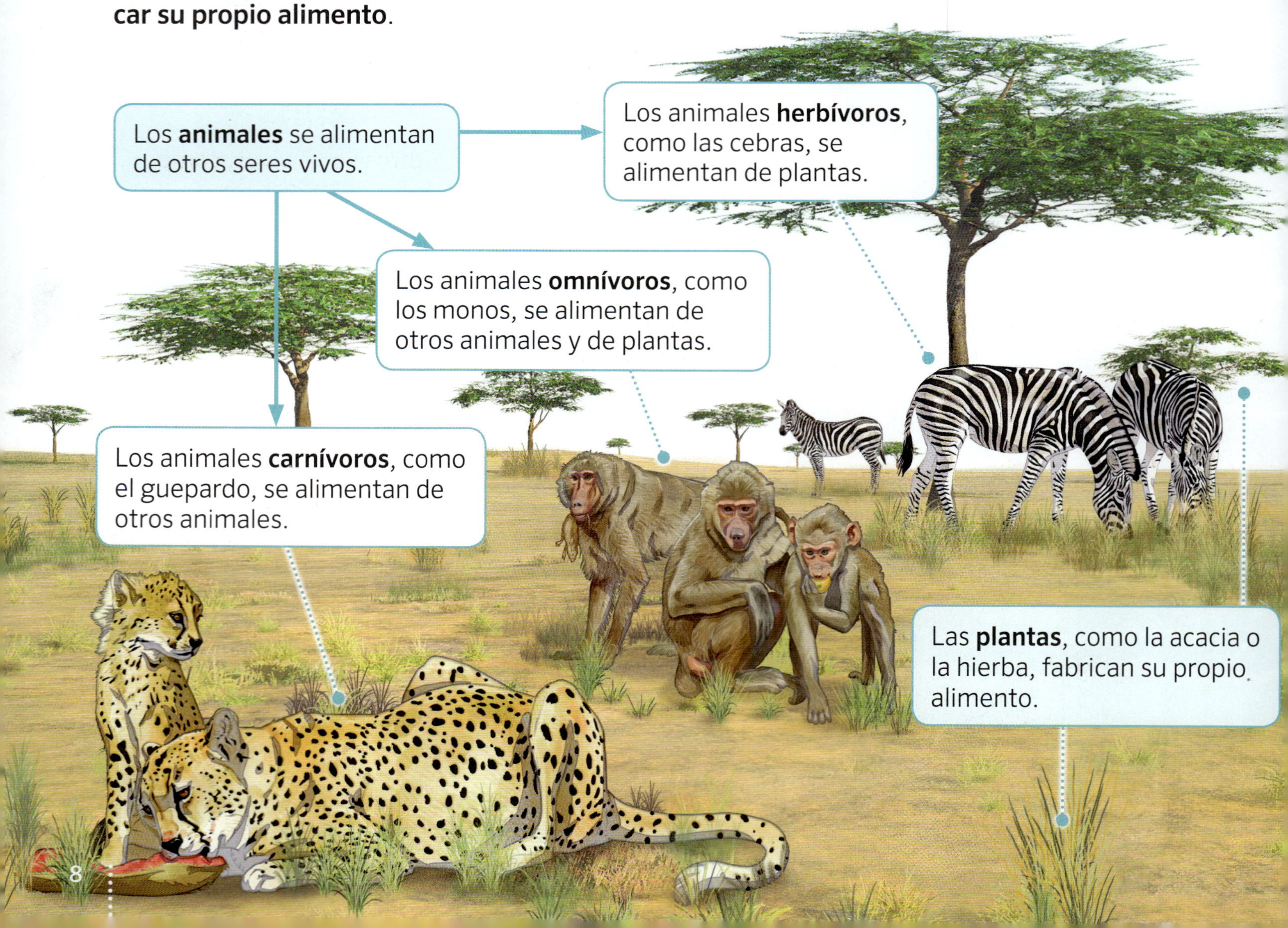

La función de relación

Mediante la **función de relación**, los seres vivos **recibimos información** del entorno a través de nuestros sentidos y **reaccionamos** ante ella.

Esto ocurre, por ejemplo, cuando acercamos la mano a un objeto caliente. Al notar que quema, reaccionamos rápidamente y retiramos la mano para no hacernos daño.

La función de reproducción

Mediante la **función de reproducción**, los seres vivos somos capaces de originar otros seres parecidos a nosotros. ¿Cómo nacen los seres vivos? Veamos algunos ejemplos.

Algunos seres vivos, como los patos, nacen de huevos. Son **ovíparos**.

Otros, como las vacas, nacen del vientre de su madre. Son **vivíparos**.

Y otros seres vivos, como las judías, nacen de **semillas**.

Los **seres vivos** realizan tres **funciones vitales**: la función de **nutrición**, la función de **relación** y la función de **reproducción**.

Actividades

1. ¿Qué función vital aparece representada en cada una de estas imágenes?

a 

b 

c 

2. ¿En qué se parecen los animales herbívoros, omnívoros y carnívoros?

3. ¿En qué se diferencian una planta y un animal? Anota las diferencias en tu cuaderno.

4. ¿En qué se parecen María y un pato? ¿Y María y una margarita?

2 Clasificamos animales

¿Qué característica comparten los animales que aparecen en la página izquierda de este cuaderno? ¿Y los animales que están en la página derecha?

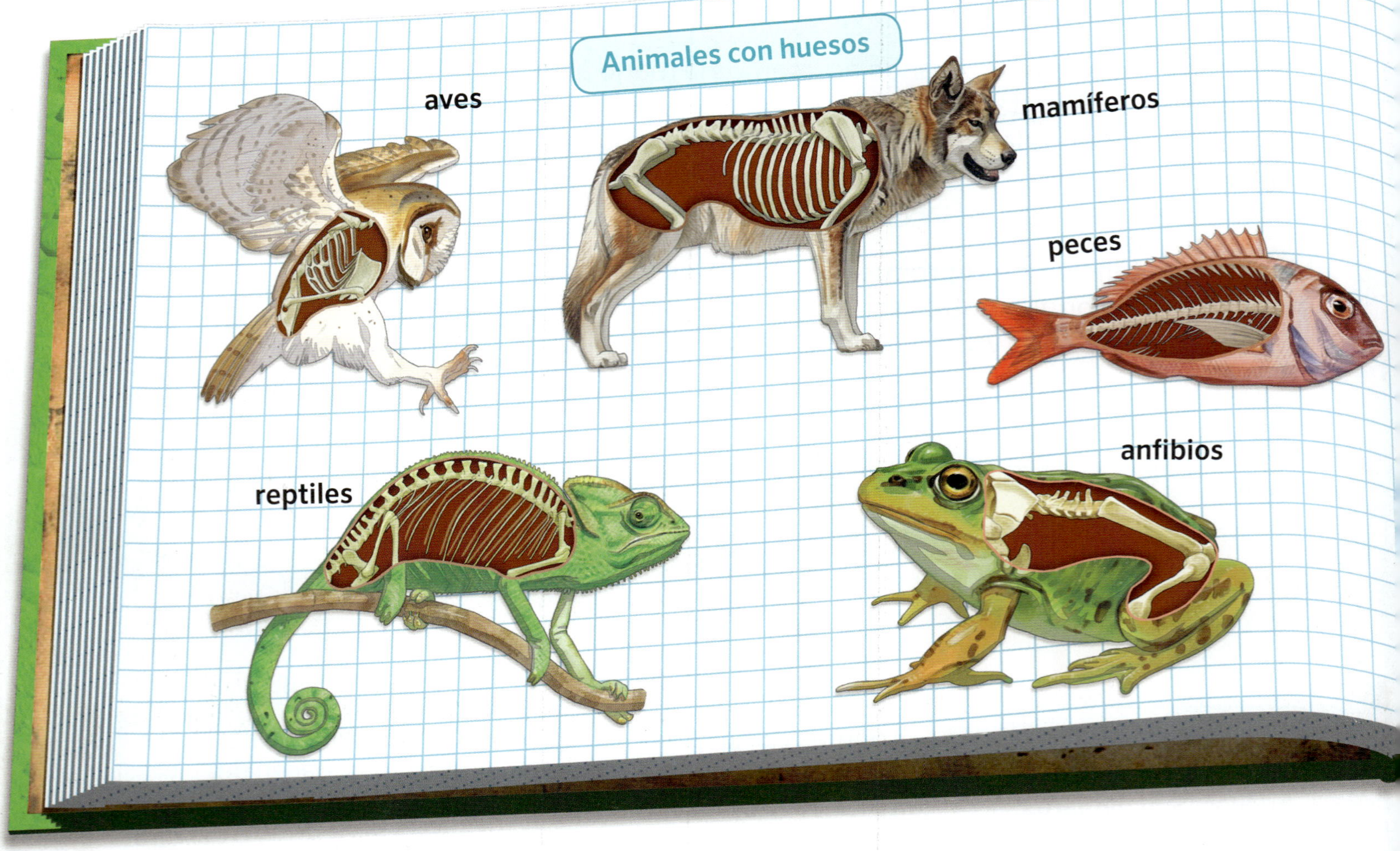

Los animales con huesos

Los animales con huesos reciben el nombre de **animales vertebrados**. Todos los animales que pertenecen al grupo de los vertebrados poseen un **esqueleto interno** formado por un gran número de huesos. El esqueleto tiene como misión sostener el cuerpo y proteger algunos órganos internos, como el corazón o los pulmones.

Además, los animales vertebrados comparten otras características, por ejemplo:

- Los animales vertebrados tienen el cuerpo dividido en **cabeza** y **tronco**, y casi todos presentan **extremidades**. Según el medio por el que se desplacen, las extremidades pueden tener forma de patas, aletas o alas.
- Algunos animales vertebrados, como los seres humanos o los lobos, son **vivíparos**. Otros, como las ranas, las truchas o los gorriones, son animales **ovíparos**.

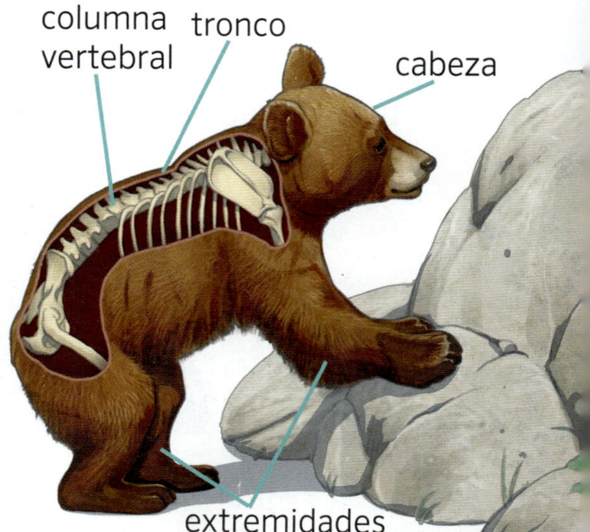

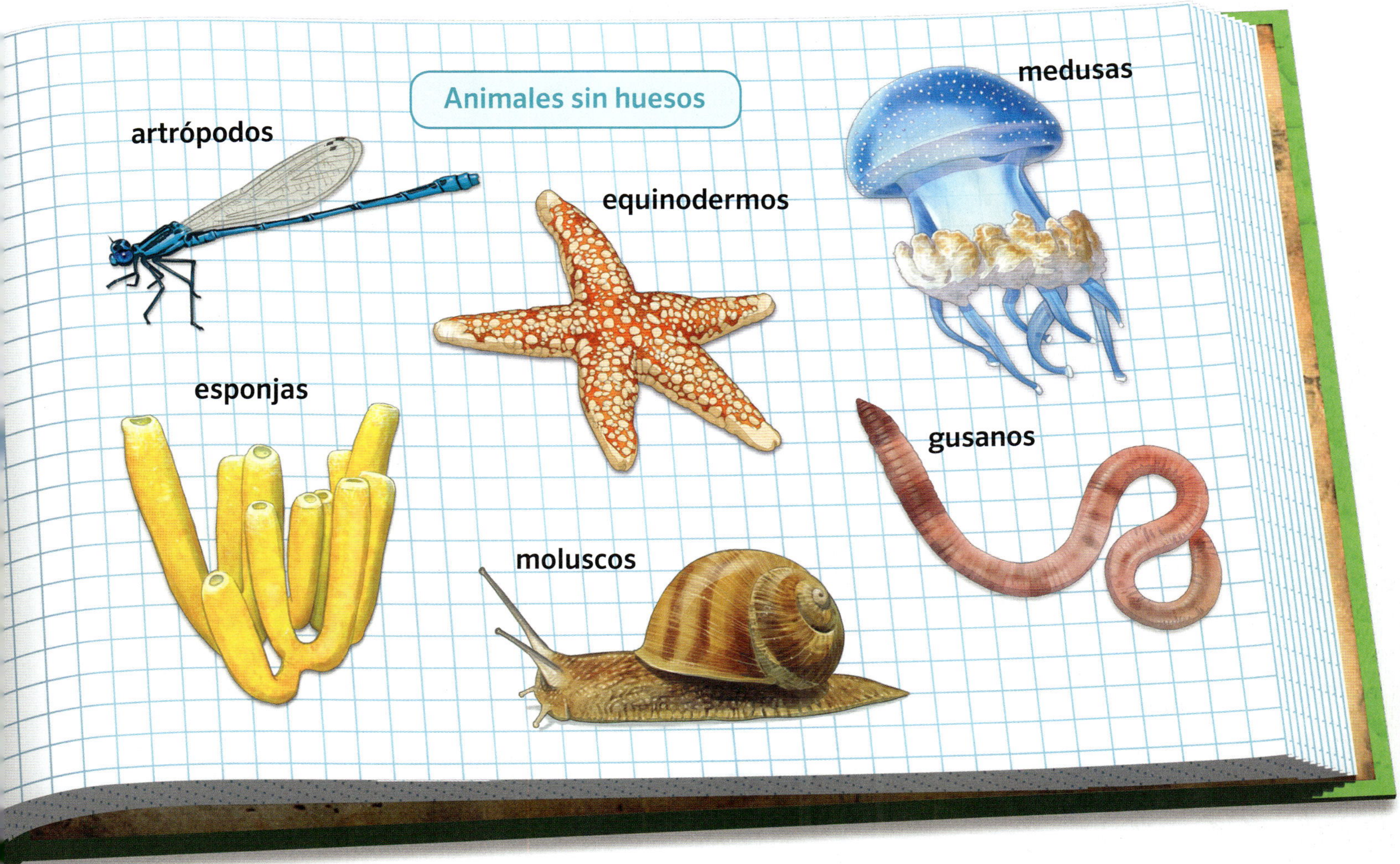

Los animales sin huesos

Todos los animales sin huesos pertenecen al grupo de los **animales invertebrados**. Los invertebrados **no tienen esqueleto interno**. Además, todos ellos presentan otra característica común: son animales **ovíparos**.

Los animales se clasifican en **vertebrados** e **invertebrados**, según tengan o no esqueleto interno.

smSaviadigital.com
PRACTICA Clasifica los animales vertebrados e invertebrados.

Actividades

5 ¿Son vertebrados o invertebrados? Clasifica.

abeja | vaca | babosa | sapo | serpiente | sardina

6 Escribe el nombre de un animal vertebrado que no tenga extremidades.

3 Animales invertebrados

¿Qué animales crees que dominan la Tierra? ¿Los fieros leones o tal vez las enormes ballenas?

Sorprendentemente, las moscas, los escarabajos y el resto de invertebrados son los animales más abundantes del planeta y han conquistado la tierra, el agua y el aire. Por este motivo, podemos decir que son ¡los reyes de la naturaleza! Entre los invertebrados, los **artrópodos** son el grupo más numeroso e importante.

Características de los artrópodos

¿Qué tienen en común animales tan diferentes como una mariquita o un cangrejo para pertenecer al grupo de los artrópodos? Todos los artrópodos poseen un **esqueleto externo** que los protege y muchas **patas articuladas**.

Los artrópodos se clasifican en distintos grupos, como los **insectos**, los **arácnidos** y los **crustáceos**. Para saber a qué grupo pertenece un artrópodo: ¡prepárate a contar patas!

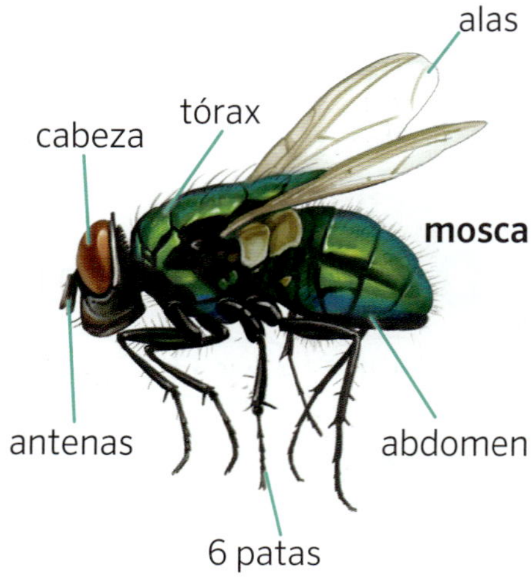

Artrópodos con seis patas: los insectos

Los **insectos** son el grupo más numeroso de los artrópodos. Todos los animales que pertenecen a este grupo tienen el cuerpo dividido en tres partes: **cabeza**, **tórax** y **abdomen**. Además todos tienen **antenas** y **seis patas**. Algunos tienen **alas**, como las moscas, y otros no, como las hormigas.

Artrópodos con ocho patas: los arácnidos

Los arácnidos, como el escorpión y la araña, presentan un cuerpo dividido en dos partes: **abdomen** y **cefalotórax**. El cefalotórax es la unión de la cabeza y el tórax. Además, todos poseen **ocho patas** y no tienen antenas ni alas.

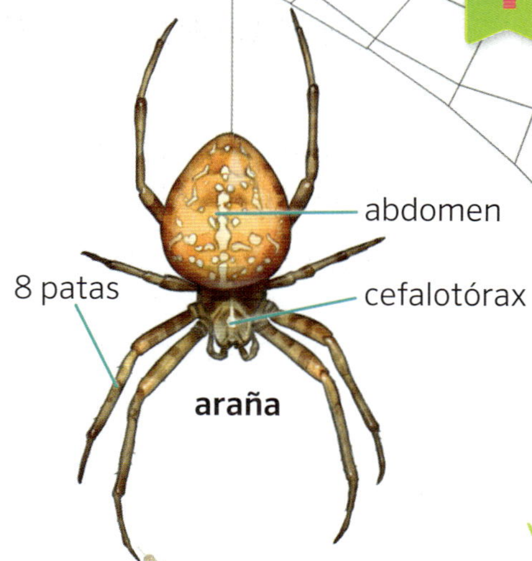

Artrópodos con diez patas: los crustáceos

La mayoría de los crustáceos tienen el cuerpo dividido en **cefalotórax** y **abdomen**. Ninguno tiene **alas**, pero todos poseen **dos antenas** y **diez patas**. En algunos, como el cangrejo de río, dos de sus patas tienen forma de pinza.

Los **artrópodos** se clasifican en varios grupos, como **insectos**, **arácnidos** y **crustáceos**.

Actividades

7 Clasifica los animales dibujados en estas dos páginas.

Insectos	Arácnidos	Crustáceos
●●●	●●●	●●●

smSaviadigital.com
JUEGA Y APRENDE Crea tu propio artrópodo.

4 Otros animales invertebrados

¿Conoces a otros animales invertebrados que no pertenezcan al grupo de los artrópodos? ¿Cómo son?

Además de los artrópodos, existen otros invertebrados que podemos clasificar en los siguientes grupos: **esponjas**, **medusas**, **equinodermos**, **gusanos** y **moluscos**.

Las esponjas

Las esponjas viven **fijas** e **inmóviles** en el fondo del mar. Su cuerpo está lleno de agujeros o **poros** por los que entra el agua del mar cargada de sustancias alimenticias.

Las medusas

El cuerpo de las medusas es **gelatinoso** y tiene forma de campana. Poseen una **boca** que puede estar rodeada por **tentáculos** con veneno que usan para cazar y defenderse.

Los equinodermos

Son las **estrellas de mar** y los **erizos de mar**. Tienen el cuerpo cubierto por unas **placas duras**. En la parte inferior, poseen multitud de pequeños pies con los que se mueven.

Existen otros grupos de invertebrados, además de los artrópodos, como son: las **esponjas**, las **medusas**, los **equinodermos**, los **gusanos** y los **moluscos**.

Los gusanos

Los gusanos tienen un cuerpo blando y alargado formado, generalmente, por **anillos**.

Algunos gusanos, como la lombriz de tierra, viven en el medio terrestre, y otros, como los nereis, viven en el medio acuático.

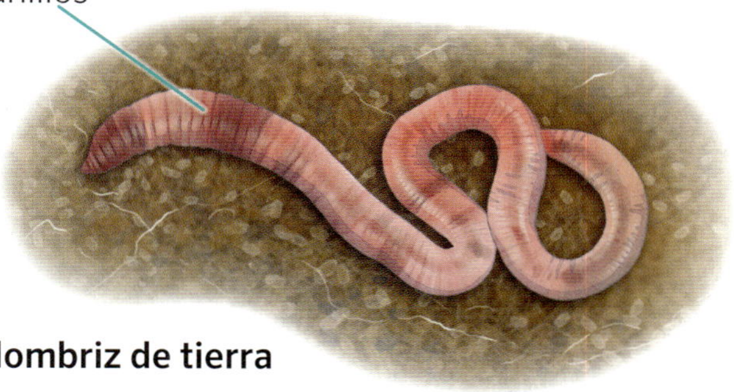

Los moluscos

Los moluscos son el segundo grupo más numeroso de los invertebrados, después de los insectos. Algunos son terrestres, como la babosa, y otros marinos, como el pulpo.

Aunque estos animales parecen distintos entre sí, todos tienen un **cuerpo blando** y **musculoso**, y casi todos poseen **concha**.

Los moluscos con concha se pueden clasificar en varios grupos:

- **Con dos conchas**, como el mejillón. Las conchas de estos moluscos se llaman **valvas**.
- **Con una concha**, como el caracol.
- **Con concha interna**, como el calamar.

Actividades

8 ¿En qué se parecen una estrella y un erizo de mar? ¿Y una estrella y una medusa?

9 Estas oraciones son incorrectas. Localiza los errores y escríbelas correctamente en tu cuaderno.

a) El caracol es un gusano con concha.

b) El calamar es un animal vertebrado.

Así se construye la ciencia

Representamos datos con cuadrados de colores

PASO 1 **Anotamos los datos** que vamos a representar. En este caso, representaremos el número de animales que hemos encontrado en una zona del jardín.

- Lombrices 6
- Hormigas: 6
- Cochinillas: 5
- Escarabajos: 2

PASO 2 Para representar los datos cogemos una hoja cuadriculada y **trazamos una línea horizontal**.

PASO 3 Después, **coloreamos un cuadrado** por cada ejemplar de animal que hemos encontrado.

Razono

1 Si hubiéramos encontrado 8 hormigas, ¿crees que la representación sería igual? ¿Qué tendríamos que modificar en el dibujo?

Pongo en práctica

2 En otra zona del jardín hemos hallado 1 escarabajo, 2 cochinillas, 10 hormigas y 4 lombrices. Representa estos datos.

Organiza tus ideas

Los animales

se clasifican en

- Vertebrados
- Invertebrados

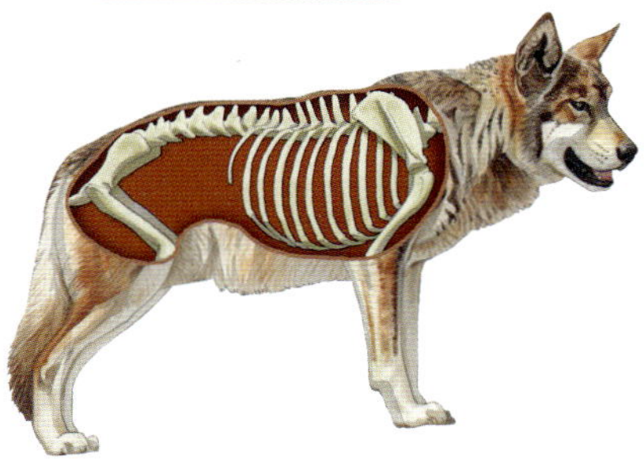

Invertebrados se clasifican en

- Artrópodos
- Moluscos
- Otros grupos

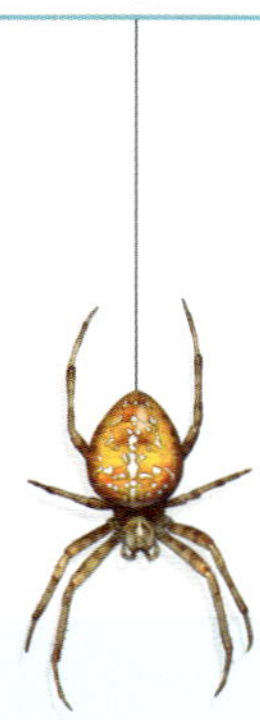

Trabaja con el esquema

1. Transforma la clasificación de los invertebrados del esquema en un resumen. Puedes empezar así:

   Los invertebrados son un grupo de animales que se clasifican en...

2. ¿Qué otros moluscos conoces, además del que aparece en el esquema? Escribe sus nombres.

3. Completa el esquema añadiendo la clasificación de los artrópodos. ¿En qué grupo pondrías cada uno de los siguientes animales?

4. Fíjate en el esquema. ¿Dónde colocarías los siguientes animales?

5. ¿Qué grupos de invertebrados no aparecen en el esquema?

6. De los siguientes animales, ¿cuáles deberían aparecer en el esquema como animales vertebrados?

gusano · búho · calamar · hormiga · sardina

Repasa la unidad

1 ¿Con qué funciones vitales relacionas las siguientes expresiones?

huevo | huir del peligro | omnívoro

2 ¿Pertenecen estos animales al mismo grupo? Explica por qué.

a

b

3 En cada grupo hay un error. Localiza y escribe el nombre del animal que sobra.

tigre lagarto rana medusa gorrión

mosca camaleón mejillón lombriz

4 ¿Qué le sobra y qué le falta a este animal imaginario para ser un insecto? Dibújalo correctamente en tu cuaderno.

5 Escribe el nombre de:

a) Un invertebrado sin patas.

b) Un artrópodo acuático.

c) Un molusco con concha interna.

d) Un artrópodo volador.

6 Un bicho bola tiene diez patas. ¿A qué grupo de artrópodos crees que pertenece?

7 Dibuja estos animales en tu cuaderno y señala estas partes donde corresponda.

cefalotórax | cabeza | ala | abdomen | tórax | pata | antena

8 ¿Qué parejas de animales pertenecen al mismo grupo? Escríbelas en tu cuaderno.

erizo de mar libélula lombriz sepia nereis estrella de mar mosquito mejillón

9 ¿Qué platos contienen invertebrados? ¿A qué grupo pertenece cada uno?

10 ¿Qué tienen en común un escarabajo y un cangrejo? ¿En qué se diferencian?

11 ¿A qué grupo de invertebrados corresponden estas características?

Tienen tentáculos.

Tienen el cuerpo gelatinoso.

smSaviadigital.com

VALORA LO APRENDIDO Comprueba lo que sabes en la **autoevaluación**.

Ponte a prueba

Adivina quién es el intruso

Uno de estos cuatro animales se ha colado en casa de Iván. ¿Cuál habrá sido? Lee con atención las pistas para averiguarlo.

El artrópodo con el cuerpo dividido en dos partes se ha comido al que lo tiene dividido en tres, pero luego ha sido cazado por el camaleón de Iván.

El que no es artrópodo y no tiene concha vivía en el jardín de Iván, pero se ha ido al del vecino.

El molusco se encuentra en una lechuga que ha comprado la madre de Iván para la ensalada.

1. ¿Qué artrópodo ha sido cazado por el camaleón de Iván?
2. ¿A quién se había comido el artrópodo que cazó el camaleón?
3. ¿Qué animal invertebrado que no es artrópodo se ha escapado al jardín del vecino de Iván?
4. ¿Quién es el intruso?

Tarea final Cada oveja con su pareja

Demuestra todo lo que has aprendido sobre los animales con este juego. ¿Estás listo?

PASO 1 Busca una fotografía de un animal que te guste y pégala en una cartulina, o bien dibújalo.

PASO 2 Después, haz una ficha del animal que has seleccionado: indica su nombre, el grupo al que pertenece y sus principales características.

PASO 3 ¡Jugamos! Mezclad todas las fichas y las fotografías de los animales elegidos. Por turnos, elegid una fotografía y buscad su ficha correspondiente.

smSaviadigital.com

VALORA LO APRENDIDO ¿Cómo has trabajado?

Tu revista

Pero… ¡qué copiones!

En la naturaleza, unos seres vivos imitan a otros. ¡Y hay algunos que copian a la materia inerte!

Incluso los seres humanos hemos tomado como modelo características de otros seres vivos que nos han resultado de lo más práctico. Veamos unos ejemplos.

¿Un extraterrestre en nuestro planeta?

¿Qué características comparten todos los invertebrados?

El osito de agua es tan pequeño que no lo podemos ver a simple vista. Sin embargo, este bichito es capaz de soportar temperaturas extremas en las que ningún otro ser vivo de nuestro planeta podría sobrevivir.

Este invertebrado tiene ocho patas que finalizan en fuertes garras y un hocico que recuerda al de un oso, por este motivo se le ha bautizado con el nombre de osito de agua.

¿Quién dijo frío?

¿La rana es un animal vertebrado o invertebrado? ¿Por qué?

¿Qué haces cuando tienes frío? Seguro que te abrigas con un jersey gordito.

Pues existen unas ranas a las que no les importa que haga mucho frío e incluso que hiele. Cuando hace mucho frío estas ranas… ¡se congelan! Son capaces de permanecer como un cubito de hielo durante once días. Cuando suben las temperaturas, se descongelan… ¡y siguen saltando y croando en las charcas como si nada!

¿A qué grupos de animales pertenecen todos estos organismos?

¡A defenderse toca!

Las tarántulas, esas arañas peludas y de aspecto fiero, en realidad son bastante tímidas. Pasan casi todo el tiempo en su madriguera. Eso sí, en caso de tener que defenderse, no se cortan un pelo. De hecho, lo que hacen es lanzar una nube de minúsculos pelos irritantes a la cara de su agresor y lo dejan ciego durante un rato.

¿En qué se parecen una araña y una mosca? ¿En qué se diferencian?

¿Qué haría yo sin ti?

¿Cómo se llaman los animales que se alimentan de otros animales?

Los seres vivos a veces se relacionan como si fueran buenos amigos y se ayudan mutuamente.

El rinoceronte suele llevar, posadas en su lomo, aves que se van comiendo a los insectos que le molestan. Él se libra de los insectos y ellas se llenan la panza. ¡Así, todos contentos!

2 Los vertebrados

¿Tigres en nuestro país?

Los paleontólogos se dedican a buscar, desenterrar y estudiar restos de animales que vivieron hace miles e incluso millones de años.

Estos expertos reconstruyen la historia de la Tierra pieza a pieza, como si se tratase de un puzle. Gracias a sus hallazgos sabemos que en nuestro planeta vivieron animales muy diferentes, incluso antes de que los primeros seres humanos habitaran en él.

Hace años, descubrieron restos de animales en el centro de la Península. Entre ellos hallaron esqueletos de tigres dientes de sable, hienas y perros oso. ¡Increíble! Fíjate en la imagen, así es como se imaginan que era nuestro país hace muchos, muchísimos años.

Hablamos

1. ¿A qué se dedican los paleontólogos?
2. ¿Crees que los seres humanos han vivido en la Tierra desde que se formó nuestro planeta? ¿Por qué?
3. Localiza en la escena los animales que se mencionan en el texto. ¿Cómo los clasificarías? Elige la clasificación para cada uno.

   herbívoros · carnívoros · omnívoros

4. En la imagen aparecen representados otros seres vivos, aparte de los que se citan en el texto. ¿A qué animales de los que viven hoy día se parecen?

¡Qué importante es... la curiosidad científica!

Gracias a la labor de los científicos, hoy día conocemos cómo eran los animales del pasado.

Tarea final

En la Antigüedad, las personas creían en la existencia de animales increíbles e imaginarios. ¿Quieres conocerlos?

1 Los mamíferos

En esta reunión de animales se han colado cuatro que no son mamíferos. Fíjate bien y descubre a los intrusos.

Los mamíferos tienen una serie de similitudes, tanto en su aspecto como en su forma de vida. Vamos a conocerlas.

¿Cómo es el cuerpo de los mamíferos?

A simple vista, casi todos los mamíferos comparten las siguientes características:

- Casi todos tienen el cuerpo cubierto de **pelo**.
- Poseen **cuatro extremidades**. Los terrestres tienen las extremidades en forma de **patas** y los acuáticos, como el delfín y la ballena, en forma de **aletas**. Los murciélagos son los únicos mamíferos voladores y presentan **alas**. Además, la gran mayoría de los mamíferos tiene **cola**.
- En la boca poseen **dientes** y **labios** que utilizan para mamar.
- Tienen **mamas**. En el caso de las hembras, las mamas producen leche para alimentar a sus crías.

¿Cómo viven los mamíferos?

En nuestro planeta viven una gran variedad de animales mamíferos, pero ¿sabes cómo se alimentan, cómo nacen y cómo respiran?

- Según su tipo de alimentación, los mamíferos pueden ser **carnívoros**, **herbívoros** u **omnívoros**.

- Casi todos los mamíferos son **vivíparos**.
- Todos respiran a través de **pulmones**. Por este motivo, los mamíferos que, como la ballena, viven en el medio acuático suben a la superficie a respirar.

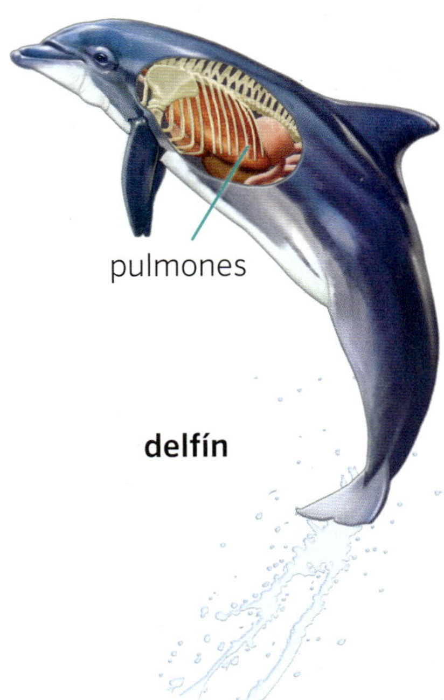

Los **mamíferos** tienen **pelo**, **dientes** y **labios**. Todos respiran a través de **pulmones** y **maman** después de nacer.

Actividades

1. ¿Qué característica comparten todos los animales que pertenecen al grupo de los mamíferos?
2. Escribe el nombre de tres mamíferos carnívoros que tengan el cuerpo totalmente cubierto de pelo.
3. ¿Qué tipo de extremidades pueden presentar los mamíferos? ¿De qué depende que tengan unas u otras?

2 Las aves

¿Sabías que algunos científicos han encontrado restos de algunos dinosaurios con alas y plumas?

Sorprendidos por el parecido entre estos dinosaurios y las aves, los científicos decidieron estudiarlos en profundidad.

Estos expertos llegaron a la asombrosa conclusión de que las aves que hoy día conviven con nosotros son descendientes de algunos de los dinosaurios, que desaparecieron de la Tierra hace millones de años.

dinosaurio con plumas

¿Cómo es el cuerpo de las aves?

Las aves comparten los siguientes rasgos:

- Tienen el cuerpo cubierto de **plumas** para protegerse del frío y de la lluvia.
- Poseen **cuatro extremidades**. Las extremidades delanteras presentan forma de **alas** y las traseras son **patas** cubiertas de escamas. Casi todas las aves utilizan las alas para volar, pero otras, como el kiwi o el pingüino, no pueden hacerlo. Todas las aves tienen **cola**.
- Su boca tiene forma de **pico** y carecen de **dientes**.

smSaviadigital.com
PRACTICA ¿Cómo son las aves?

¿Cómo viven las aves?

Las aves se alimentan, nacen y respiran del siguiente modo:

- Algunas son **carnívoras**, como el martín pescador, otras son **herbívoras**, como el canario, y otras son **omnívoras**, como el avestruz y el petirrojo. La forma del pico de las aves varía según el tipo de alimento que tomen.
- Todas son **ovíparas**. Después de la puesta, la gran mayoría de las aves incuban sus huevos y cuidan de sus crías cuando nacen.
- Todas las aves respiran a través de **pulmones**.

herrerillo

Las **aves** tienen **plumas**, **pico** y **alas**. Todas son **ovíparas** y respiran mediante **pulmones**.

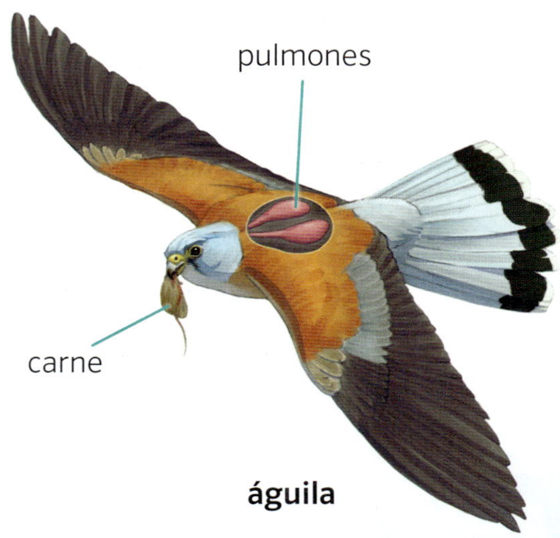

águila

colibrí

golondrina

buitre

Actividades

4. ¿Qué características tiene el cuerpo de las aves?

5. Copia la tabla en tu cuaderno y clasifica en ella las aves que aparecen y se citan en estas dos páginas.

Carnívoras	Herbívoras	Omnívoras
●●●	●●●	●●●

3 Los reptiles y los peces

Algunos reptiles, como la tortuga, pueden vivir dentro y fuera del agua, pero ninguno vive en ella durante toda su vida. Sin embargo, los peces viven siempre en este medio, porque están adaptados a respirar bajo el agua. ¿Qué otras diferencias hay entre estos dos grupos de animales?

¿Cómo es el cuerpo de los reptiles?

La mayoría de los reptiles presentan los siguientes rasgos:

- Tienen la piel cubierta de **escamas**. Algunos, como la tortuga, poseen un caparazón para proteger su cuerpo.
- Algunos reptiles, como la lagartija, presentan **cuatro extremidades** cortas en forma de patas. Otros, como las serpientes, carecen de ellas y **reptan** para desplazarse. Casi todos los reptiles tienen **cola**.

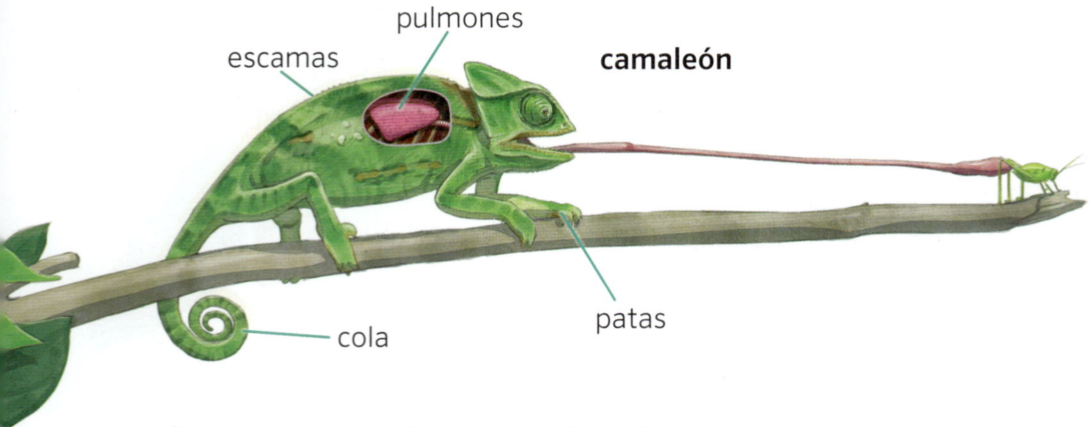

¿Cómo viven los reptiles?

Se alimentan, nacen y respiran del siguiente modo:

- La mayoría son **carnívoros**, como el cocodrilo, aunque algunos, como la iguana, son **herbívoros**.
- Son **ovíparos**. No incuban sus huevos, ni cuidan sus crías.
- Todos los reptiles respiran a través de **pulmones**.

¿Cómo es el cuerpo de los peces?

Los peces comparten las siguientes características:

- La gran mayoría tienen el cuerpo cubierto de **escamas**.
- Presentan extremidades en forma de **aletas** para desplazarse a través del agua. También tienen **cola**.

¿Cómo viven los peces?

Todos los peces se alimentan, nacen y respiran de la siguiente manera:

- La gran mayoría de los peces son **carnívoros**, como el rape, aunque también los hay **herbívoros**, como el pez loro, y **omnívoros**, como el pez rojo.
- Todos son **ovíparos**. Después de la puesta, los peces no incuban sus huevos y no cuidan de sus crías.
- Todos respiran a través de **branquias**. Las branquias se encuentran a ambos lados de la cabeza de los peces y les permiten respirar bajo el agua.

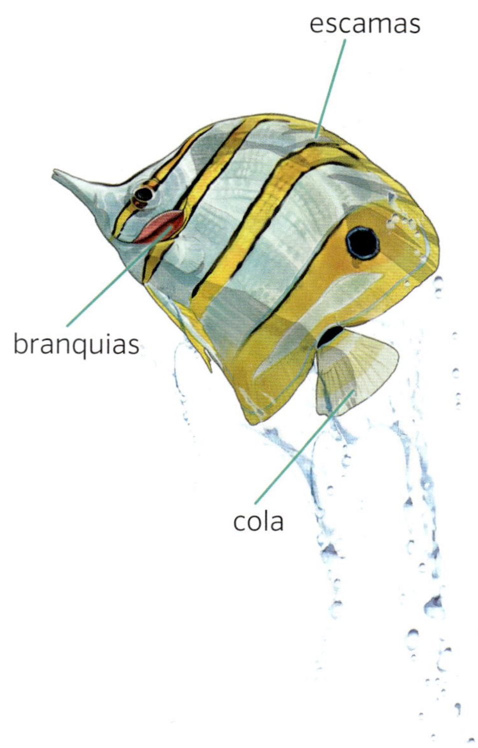

- Los **reptiles** y los **peces** tienen el cuerpo cubierto de **escamas** y son **ovíparos**.
- Los reptiles respiran a través de **pulmones** y los peces a través de **branquias**.

Actividades

6 Copia esta tabla en tu cuaderno y clasifica en ella las siguientes características de los reptiles y peces.

Características de los reptiles	Características de los peces
●●●	●●●

escamas · pulmones · patas · aletas · huevos · branquias

4 Los anfibios

A simple vista una salamandra, un tritón y un sapo son muy distintos entre sí, pero todos pertenecen al grupo de los anfibios. ¿Quieres saber qué características comparten para pertenecer al mismo grupo de animales?

¿Cómo es el cuerpo de los anfibios adultos?

Los anfibios presentan las siguientes características:

- Todos los anfibios tienen la piel **húmeda** y **desnuda**, es decir, no está cubierta por pelo, plumas ni escamas.
- Poseen **cuatro extremidades**. Algunos anfibios, como los sapos, tienen las patas traseras muy fuertes y largas, lo que les permite dar saltos. Otros, como la salamandra y el tritón, tienen **cola**.
- Los anfibios poseen una **lengua larga** y **pegajosa** con la que capturan su alimento.

¿Cómo viven los anfibios adultos?

Los anfibios se alimentan, nacen y respiran de la siguiente manera:

- Casi todos son **carnívoros** y se alimentan de pequeños invertebrados, como insectos y arañas.
- Todos son **ovíparos**. Los anfibios ponen los huevos en el agua y no los incuban.
- Todos respiran a través de **pulmones** y, también, a través de su **piel** cuando está húmeda.

La metamorfosis

Después de su nacimiento, los anfibios sufren una serie de transformaciones hasta llegar a la edad adulta. A lo largo de este proceso, llamado **metamorfosis**, su cuerpo y su forma de vida cambian completamente.

Para entender mejor estos cambios, veamos la metamorfosis de una rana paso a paso:

- La rana adulta pone los huevos en el agua. De cada uno de los huevos sale un **renacuajo** que nace con cola y sin patas. Los renacuajos viven en el agua, respiran a través de branquias y son herbívoros.
- Durante el tiempo en que el renacuajo vive exclusivamente en el agua, su cola desaparece poco a poco y le salen patas.
- Cuando alcanzan la edad adulta, los renacuajos se convierten en ranas y abandonan el agua, aunque suelen vivir siempre cerca de ella.

Los anfibios tienen la **piel desnuda** y son **ovíparos**. Son el único grupo de vertebrados que sufre **metamorfosis**.

smSaviadigital.com
JUEGA Y APRENDE Descubre cómo son los anfibios.

Actividades

7 Completa la tabla con las diferencias entre la rana adulta y el renacuajo que acaba de salir del huevo.

	Renacuajo	Rana
¿Dónde vive?	●●●	●●●
¿Qué come?	●●●	●●●
¿Cómo es su cuerpo?	●●●	●●●
¿Cómo respira?	●●●	●●●

Así se construye la ciencia

¿Cómo identificamos animales con una clave?

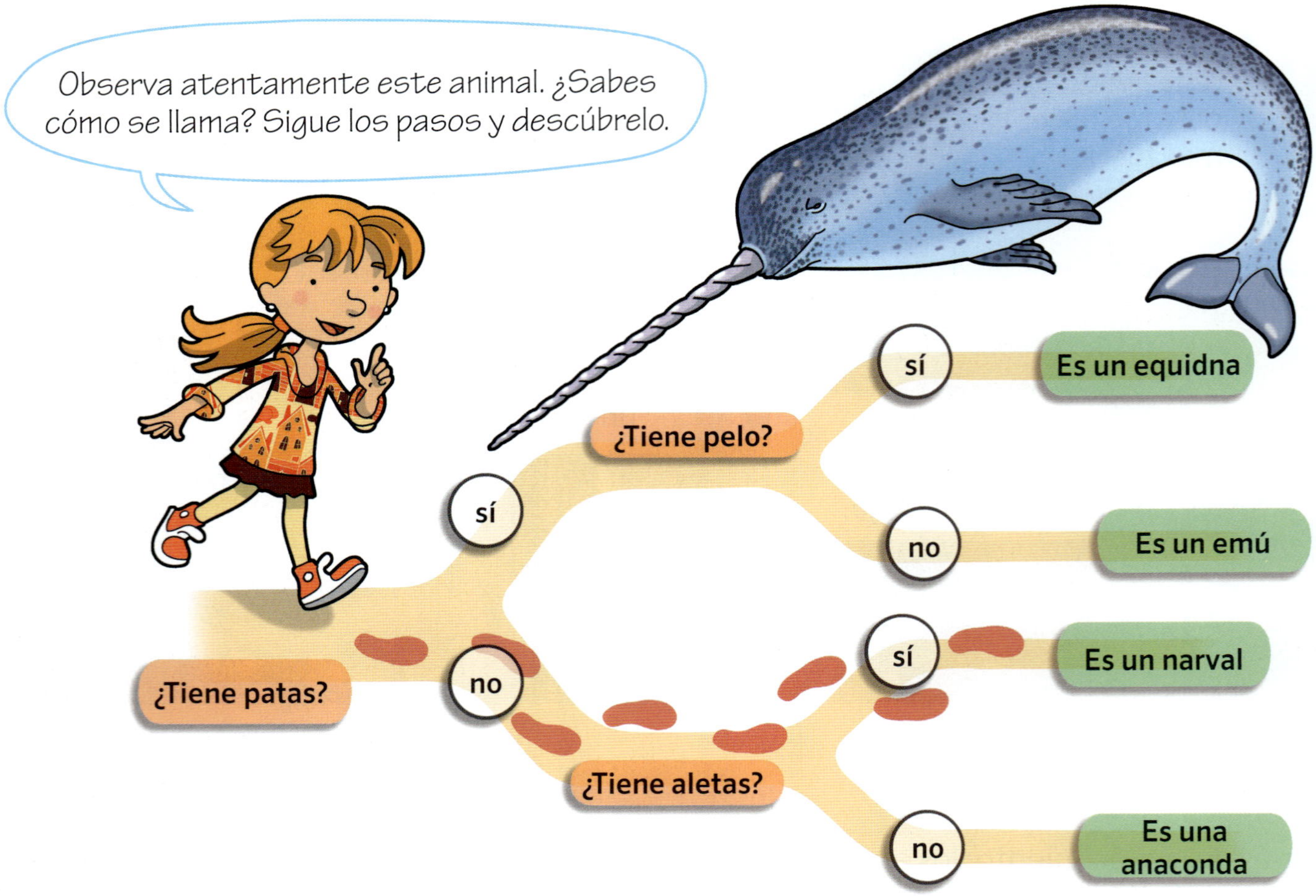

Razono

1. Copia la clave en tu cuaderno. Después, señala el camino que debes seguir para identificar estos animales utilizando el siguiente código de color. ¿Cómo se llaman?

Pongo en práctica

2. Realiza tu propia clave para clasificar los siguientes animales vertebrados.

Pista: ¿Tiene plumas? ¿Vuela? ¿Tiene escamas?

Organiza tus ideas

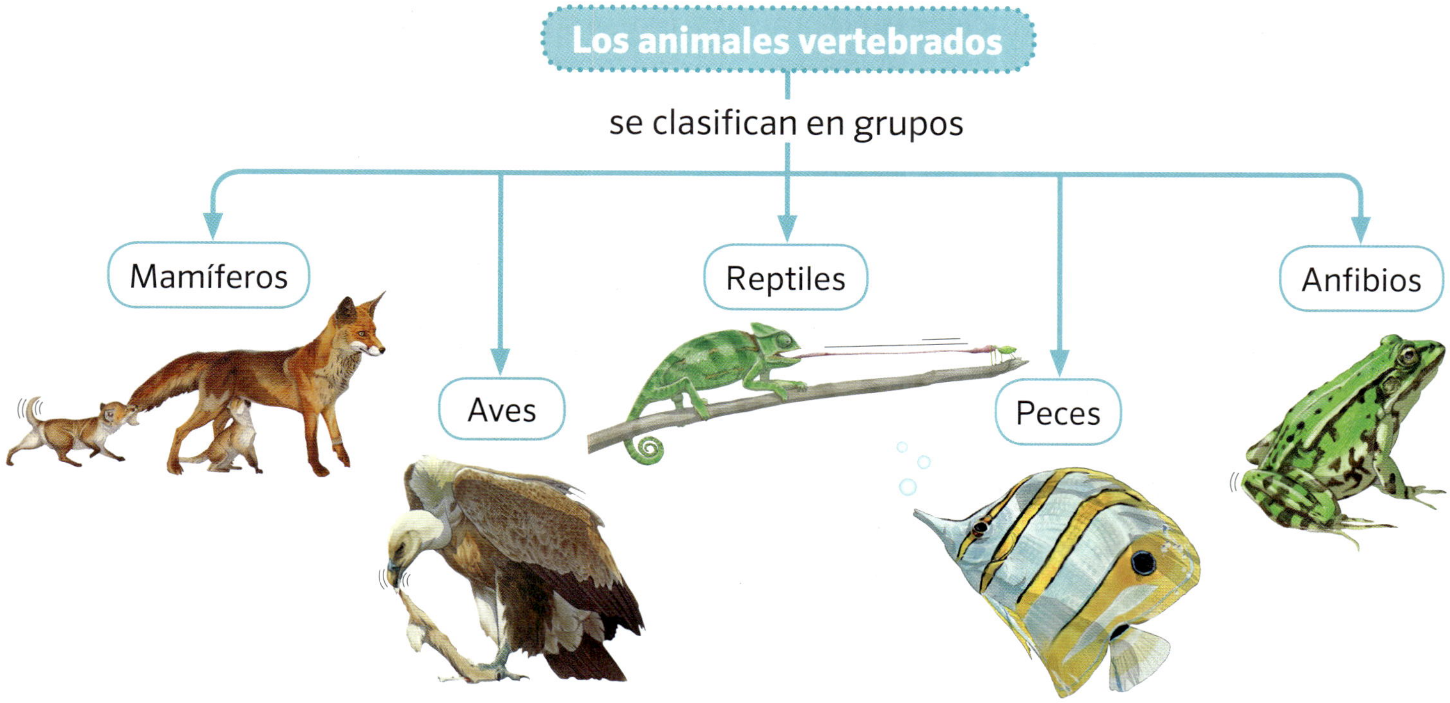

Trabaja con el esquema

1 Observa los animales que aparecen en el esquema y completa .

a) Las ••• tienen el cuerpo cubierto de ••• y su boca tiene forma de •••. Todas respiran a través de ••• y son •••.

b) Los ••• tienen la piel cubierta de •••. Casi todos tienen cuatro extremidades, excepto la serpiente, que ••• para desplazarse. Todos son ••• y respiran a través de •••.

2 ¿En qué grupo del esquema incluirías a estos animales? Después, escribe tres semejanzas y tres diferencias que existan entre ellos.

3 ¿Qué grupo de animales de los que aparen en el esquema sufre el proceso de metamorfosis? Observa el dibujo y describe en tu cuaderno los pasos que están señalados en él.

4 Dibuja en tu cuaderno el esquema que se incluye en esta página. Después, añade el nombre de cuatro animales que pertenezcan a cada uno de los grupos que aparecen en el esquema.

Repasa la unidad

1 Descubre en esta larguísima cola el nombre de catorce vertebrados. Después, escribe a qué grupo pertenece cada uno de ellos. Fíjate en el ejemplo.

Mamíferos: elefante, ...

sapovíbora**elefante**tortugatiburónsalmónbuitreratóngaviotacocodriloleónsalamandrasardinarana

2 Estos animales tienen una duda, ayúdales a resolverla. Escribe la solución a su problema en tu cuaderno.

3 ¿Qué tienen en común los reptiles, los anfibios y las aves? Copia en tu cuaderno las características que comparten estos tres grupos de animales.

- Son vivíparos.
- Son vertebrados.
- Con plumas.
- Respiran con pulmones.
- Con escamas.
- Son carnívoros.
- Son ovíparos.

4 Escribe tres semejanzas y tres diferencias entre una trucha y una ballena.

5 Este es un grifo, un ser imaginario. ¿Qué dos grupos de vertebrados se mezclan en él? Escribe tres características de cada uno.

6 Copia la tabla y sustituye los números por el nombre del animal que corresponda en cada uno de los casos.

	Branquias	Escamas	Pulmones
1			✓
2		✓	✓
3	✓	✓	

pez cirujano

delfín

iguana

7 Copia esta ficha en tu cuaderno. Después complétala con los datos de algún animal de los que aparecen en la unidad.

Nombre del animal:	Se alimenta de:
Grupo:	Extremidades:
Cuerpo cubierto de:	Boca:
Respira por:	Vive en:

sm**Savia**digital.com

VALORA LO APRENDIDO Comprueba lo que sabes en la **autoevaluación**.

Ponte a prueba

¿En qué grupo incluimos a este bicho?

Durante un viaje a Australia, John Hunter observó unos animales un tanto extraños. El hallazgo puso en un aprieto a John y a otros expertos en animales. Esta es la historia del ornitorrinco.

1 Imagina qué pensó John al observar al ornitorrinco y completa las oraciones.

a) Tiene pelo, debe ser un ●●●

b) Tiene pico, debe ser un ●●●

c) Pone huevos, puede ser un ●●●, o un ●●●, o un ●●●, o un ●●●

d) Las crías se alimentan de la leche de su madre, debe ser un ●●●

2 Con el tiempo, los expertos llegaron a la conclusión de que el ornitorrinco pertenece al grupo de los mamíferos. ¿Estás de acuerdo? ¿Por qué?

Tarea final Seres mitológicos

Desde la Antigüedad las personas han imaginado seres mitológicos. Estos seres son la mezcla de partes de diferentes animales. ¿Quieres conocer alguno de ellos?

PASO 1 En grupos, elegid uno de estos seres mitológicos y haced un mural con su dibujo.

basilisco

PASO 2 Después, señalad las partes de los diferentes grupos de vertebrados que se mezclan en él.

PASO 3 Con la ayuda de un adulto, buscad información en internet acerca de su leyenda. Después, escribid en el mural un resumen donde la expliquéis.

sirena

smSaviadigital.com

VALORA LO APRENDIDO ¿Cómo has trabajado?

Tu revista

Ropa de temporada

Durante las épocas más calurosas del año, el armiño luce un precioso pelaje marrón. Pero, al llegar la nieve y el frío, su pelo se vuelve de color blanco.

¿Por qué cambia de color el armiño según las estaciones del año? Porque así puede camuflarse mejor y evita que sus posibles depredadores lo vean fácilmente.

Además de tener pelo, ¿qué otras características presentan los mamíferos?

¡Menudo cuello!

Si comparamos el cuello de una jirafa con el nuestro, veremos que la diferencia de tamaño es enorme. Pero, aunque parezca increíble, su cuello está formado por el mismo número de huesos que el nuestro.

¿Cómo se llaman los animales con huesos?

Vuela y vuela sin parar

A lo largo de su vida, los vencejos recorren una distancia seis veces mayor que la que existe entre la Tierra y la Luna.

A estos pajarillos les gusta tanto volar que no se posan en el suelo, excepto para incubar los huevos. Los vencejos comen e incluso duermen en el aire.

¿Conoces algún ave que no pueda volar? Cítala.

El hornero, el mejor arquitecto

Los horneros viven en pareja y juntos construyen su hogar. Durante varias semanas, estos pájaros fabrican sus nidos con barro, ramitas y otros materiales. El resultado de tanto esfuerzo es una casa resistente y con varias habitaciones, una de ellas preparada para la llegada de sus pequeños polluelos.

¿Cómo se reproducen las aves?

El lagarto más grande del mundo

El dragón de Komodo puede medir de dos a tres metros de largo y alcanza los setenta kilos de peso. Aunque por su tamaño podemos pensar que este reptil es lento, nada más lejos de la realidad: el dragón de Komodo es buen nadador, corre a gran velocidad e incluso es capaz de trepar a los árboles.

Los reptiles, ¿son ovíparos o vivíparos?

Pez payaso

Cuando nacen, los peces payaso son machos y, a medida que crecen, se transforman en hembras para poder tener descendencia.

¿Cómo respiran los peces?

¡Mira!

¡Alucina con la boca de la ballena azul!

La ballena azul, ¿es un pez o un mamífero?

Hola, me llaman la rana vidrio o rana cristal, ¿adivinas por qué?

Además de la rana, ¿qué otro animal conoces que sufra metamorfosis? ¿A qué grupo pertenece?

Un animal increíble

Los ornitorrincos nacen de huevos. Durante 28 días la madre los transporta en su vientre y, después de la puesta, los incuba unos días antes de que se rompa el cascarón y nazca el pequeño ornitorrinco. La hembra produce leche, pero no tiene pezones, sino glándulas que "sudan" leche y que sus crías lamen.

Los machos tienen un espolón con veneno. Aunque no es lo suficientemente potente para matar a una persona, sí puede ser mortal para animales de pequeño y mediano tamaño.

¿Qué características típicas de las aves tienen los ornitorrincos?

Comprueba lo que has **aprendido**

Test

¿Recuerdas todo lo que has aprendido durante este trimestre? Compruébalo en este test.

1. ¿Cuáles son las funciones vitales?

A. Respiración, nutrición y circulación
B. Nutrición, relación y reproducción
C. Energía, salud y metamorfosis

2. ¿Quién dice la verdad?

A. La araña
B. La estrella de mar
C. El caracol

3. Si una gamba pierde cuatro patas, tendrá el mismo número de patas que…

A. Un gusano.
B. Un insecto.
C. Una araña.

4. ¿A qué animales les gustarán las lechugas del huerto de José?

A. A la cebra y al oso, porque la cebra es herbívora y el oso, omnívoro.
B. Al guepardo, porque es herbívoro.
C. A ninguno, porque los tres animales son carnívoros.

5. ¿Qué grupo de animales tiene estas tres características?

escamas | ovíparos | pulmones

A. Mamíferos
B. Reptiles
C. Peces

6. ¿Qué añadirías a este dibujo para convertirlo en un mamífero?

A. Pico y plumas
B. Pelo, aletas y dientes
C. Mamas, pelo y boca con dientes

7. ¿Qué tipo de animal es un renacuajo?

A. Es una mezcla entre rana y pez.
B. Es un pez con cola.
C. Es un anfibio en una fase de la metamorfosis.

8. ¿Qué tienen en común estos animales?

A. Son vertebrados ovíparos.
B. Tienen pico y escamas.
C. Respiran por branquias.

smSaviadigital.com REPASA

Una colección de cromos

Nuria y Álex están haciendo la colección de cromos "Un montón de animales".

1. De los animales que le faltan a Nuria, ¿cuáles no tienen esqueleto interno?
2. ¿Por qué dice Nuria que hay que contar las patas de la araña?
3. Álex cree que no existen mamíferos voladores. Escribe el nombre de uno para demostrar que está equivocado.
4. ¿Puede Álex acabar su colección de cromos con algunos de los que tiene repetidos Nuria? ¿Por qué?
5. ¿Qué grupos de animales vertebrados respiran a través de branquias? ¿A qué grupos de vertebrados pertenecen los animales de los cromos repetidos de Nuria?

Una granja de cinco estrellas

PROYECTO TRIMESTRAL
Descubrimos la naturaleza

Cuidamos los animales

Los animales nos aportan multitud de beneficios: nos proporcionan compañía, lana, comida... Para ello las personas los criamos y cuidamos en instalaciones adecuadas, como las granjas.

1 Compara estas imágenes y contesta las preguntas.

a) ¿Qué es lo que más te llama la atención de las imágenes?

b) ¿Qué animales aparecen en cada fotografía?

c) ¿Qué están haciendo las personas que están con ellos?

2 Investiga. Después copia y completa esta tabla en tu cuaderno.

				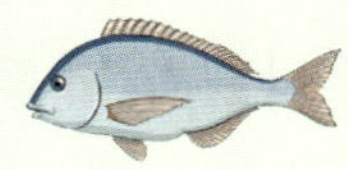
Esqueleto	●●●	●●●	●●●	●●●
Alimentación	●●●	●●●	●●●	●●●
Reproducción	●●●	●●●	●●●	●●●
Respiración	●●●	●●●	●●●	●●●
Beneficios que nos proporcionan	●●●	●●●	●●●	●●●

3 Clasifica los animales de la tabla anterior según el grupo animal al que pertenecen. ¿Qué otros animales de granja conoces?

4 En equipos de cuatro o cinco compañeros, elegimos un animal de granja y buscamos información sobre él. Después, individualmente, dibujamos en el cuaderno el animal que ha investigado nuestro grupo y escribimos sus características.

- Cómo es su alimentación.
- Cómo se reproduce..
- Qué nos proporciona.

5 Observa estas imágenes. ¿En qué se diferencian la ganadería intensiva y la extensiva?

ganadería intensiva

ganadería extensiva

6 Añade los aspectos que deberíamos tener en cuenta para crear una granja de cinco estrellas para el animal elegido. Ten en cuenta qué cuidados requieren los animales, qué espacio necesitan y cómo les proporcionarás el alimento.

7 Explica a los demás grupos cómo será vuestra granja.

3 Tu cuerpo crece

Una vida difícil

Hace miles de años, las personas vivían de forma muy diferente a nosotros. Aunque te parezca extraño, no vivían en casas, sino que se refugiaban en cuevas.

Para conseguir alimentos no iban al supermercado, sino que todos los días cazaban animales o recogían frutos de los que se alimentaban. Así reponían fuerzas, porque gastaban mucha energía en sus tareas diarias.

Era una vida muy peligrosa. Las personas vivían rodeadas de animales salvajes que las podían atacar. Además, como no había ni médicos ni hospitales, era fácil enfermar por la falta de higiene o por las heridas, que se podían infectar.

¿Te hubiera gustado vivir en aquella época?

Hablamos

1. ¿Dónde vivían los primeros seres humanos hace miles de años?

   ciudades | cuevas | pueblos | árboles

2. ¿Cómo conseguían la comida?
3. ¿Todas las personas que aparecen en la imagen tienen la misma edad? ¿En qué te has fijado para averiguarlo?
4. ¿Crees que en esa época hacían mucho ejercicio físico? Explica por qué.

¡Qué importante es... llevar una vida saludable!

Hace años las personas no tenían muchas posibilidades de cuidar su salud. Sin embargo, hoy día está en tus manos llevar una vida saludable.

Tarea final

Anota las comidas que haces a lo largo de una semana. ¡Lo necesitarás para la tarea final!

1 Así es tu cuerpo

Andrea y Pablo tienen 8 años. ¿En qué crees que ha cambiado su cuerpo desde que nacieron? ¿Qué pueden hacer ahora que no podían hacer cuando eran más pequeños?

Las etapas de la vida

Seguro que has notado que la ropa del año pasado te queda pequeña. Esto se debe a que tu cuerpo crece y cambia constantemente, aunque no te des cuenta.

A lo largo de nuestra vida, las personas cambiamos y pasamos por varias fases que reciben el nombre de etapas de la vida. Estas etapas son: **infancia**, **adolescencia**, **juventud**, **madurez** y **ancianidad**.

La **infancia** comprende la etapa que va desde el nacimiento hasta los 12 años.

Durante la infancia, el cuerpo crece muy deprisa. Aprendemos a andar, a hablar, a leer y a escribir. Al llegar al final de esta etapa nos hacemos más independientes.

La **adolescencia** abarca desde los 12 a los 15 años.

Durante esta etapa, las diferencias entre los chicos y las chicas comienzan a ser muy evidentes. Por ejemplo, a los chicos les empieza a salir vello y a las chicas se les desarrollan las mamas.

La **juventud** comprende desde los 15 a los 25 años.

En esta etapa, las personas crecen de forma más lenta, hasta que el cuerpo queda totalmente desarrollado.

Somos únicos

A simple vista todas las personas podemos parecer iguales, ya que todos tenemos cabeza, tronco y extremidades. Pero lo cierto es que somos muy diferentes entre nosotros: por eso, no hay nadie en el mundo que sea exacto a ti. Tu voz, tu color de pelo, de ojos o de piel, o tu forma de reír o de pensar te hacen ser distinto a las demás personas. ¡Eres único!

Las etapas de la vida son la **infancia**, la **adolescencia**, la **juventud**, la **madurez** y la **ancianidad**.

Actividades

1. Indica el nombre de las etapas de la vida de una persona.
2. ¿Qué cambios crees que se han producido en tu cuerpo y en tu mente desde que empezaste en Primaria?

La **madurez** abarca desde los 25 hasta los 70 años.

En esta etapa el cuerpo deja de crecer. Las personas en edad madura suelen trabajar, formar una familia y tener hijos.

La **ancianidad** empieza, más o menos, a los 70 años.

En esta etapa las personas suelen tener el pelo blanco, y sus huesos y músculos son más débiles. Sin embargo, su sabiduría es enorme, por la gran experiencia acumulada durante su vida.

smSaviadigital.com
PRACTICA Identifica las etapas de la vida.

2 Salud y enfermedad

Observa la conversación que mantienen Esther y Gonzalo. ¿Cuál de estos niños crees que lleva una vida más sana? ¿Por qué?

Seguro que no has dudado ni un momento. Esther lleva una vida más sana porque tiene unos **hábitos saludables**.

Los hábitos saludables

Seguir una serie de pautas o normas muy sencillas puede contribuir a que nos sintamos mejor y a que enfermemos pocas veces. Estas pautas o normas reciben el nombre de **hábitos saludables** y nos ayudan a que nuestro cuerpo funcione de la mejor forma posible.

Los hábitos saludables más importantes que debemos tener en cuenta son: cuidar nuestra alimentación y beber suficiente agua, hacer ejercicio físico, mantener una higiene adecuada, descansar el tiempo necesario y cuidar nuestra postura.

Hábitos saludables

Alimentación

La clave para alimentarse de la forma más adecuada es tomar alimentos variados todos los días. Entre ellos, las frutas y las verduras son especialmente importantes.

Ejercicio físico

El ejercicio físico aumenta nuestra fuerza, agilidad y resistencia. Además, mejora el funcionamiento de los órganos del interior de nuestro cuerpo, como el corazón.

Higiene

Algunas medidas de higiene personal son lavarse las manos antes de cada comida, lavarse los dientes después de cada comida y ducharse con frecuencia.

La enfermedad

En ocasiones, aunque sigamos hábitos saludables, podemos enfermar. Entonces nos sentimos débiles y sin ganas de hacer nada, y a veces tenemos fiebre.

Algunas de las enfermedades más comunes que podemos contraer son: el **resfriado**, la **gripe** y la **varicela**.

- El **resfriado** es una enfermedad muy común que provoca tos y mocos.
- La **gripe** es una enfermedad que produce fiebre, dolores musculares y cansancio.
- La **varicela** es una enfermedad en la que aparecen granos por todo el cuerpo y produce fiebre y cansancio.

Los **hábitos saludables** son costumbres que ayudan a que no enfermemos.

¿Sabías que...?

Las vacunas nos protegen

Las vacunas hacen que nuestro cuerpo esté preparado para defenderse de algunos microbios que causan enfermedades, como el tétanos.

Descanso

Para estar sano y activo es necesario descansar entre nueve y diez horas al día. De esta manera, el cuerpo y la mente se recuperan de la actividad diaria.

Postura

Para cuidar tu espalda, siéntate recto y apóyate bien en el respaldo de la silla, coloca la mochila sobre los dos hombros y evita cargarla con demasiado peso.

Actividades

3. ¿Qué beneficios nos proporciona el ejercicio físico?
4. Julia se acuesta a las doce de la noche y se levanta a las siete de la mañana. ¿Duerme lo suficiente? ¿Cómo se sentirá a lo largo del día?
5. Miguel dice que no come fruta porque no le gusta. ¿Crees que hace lo correcto? Explícalo.

3 Los alimentos

¿Qué necesita un coche para funcionar? Necesita gasolina, que le proporciona la energía que precisa para moverse. También necesita pasar por el taller de vez en cuando para renovar las piezas que se gastan por el uso.

Nosotros también necesitamos energía y materiales de sustitución o renovación. ¿Sabes cómo los conseguimos? Nos los proporcionan los alimentos. ¡Así de fácil!

¿Qué tienen los alimentos?

Cada tipo de alimento está formado por unas sustancias más sencillas, llamadas **nutrientes**.

Algunos nutrientes nos proporcionan materiales para que nuestro cuerpo crezca y se renueve, otros nos ayudan a estar sanos y otros nos aportan energía principalmente.

Los nutrientes que aportan materiales

Nuestro cuerpo obtiene de algunos alimentos los nutrientes que necesitamos para crecer y reparar zonas que se desgastan o se rompen, por ejemplo, cuando nos hacemos una herida. Estos nutrientes se llaman **proteínas**.

Algunos alimentos ricos en proteínas son las carnes, los pescados, los huevos, la leche y sus derivados, y legumbres como las lentejas o los garbanzos.

Los nutrientes que ayudan a estar sanos

Las **vitaminas** y los **minerales** ayudan a que nuestro cuerpo funcione adecuadamente y evitan que enfermemos.

Están presentes sobre todo en las frutas y verduras, y también en la leche y sus derivados, como el yogur.

Los nutrientes que aportan energía

Hay dos tipos de nutrientes que proporcionan energía a nuestro cuerpo. Son las **grasas** y los **hidratos de carbono**.

- Los alimentos que contienen **grasas** son el aceite o la mantequilla. Algunas carnes y pescados también aportan muchas grasas.
- La mayoría de los **hidratos de carbono** se encuentran en alimentos de origen vegetal, como las patatas, el arroz, la pasta, el pan o el azúcar.

Actividades

6. ¿Cuál de estos tres alimentos tiene más proteínas?

7. ¿Qué nos aportan los alimentos que contienen hidratos de carbono? ¿Y los alimentos que contienen proteínas?

Experimenta ¿Qué alimentos tienen grasas?

1. Al echar aceite, el papel se mancha porque tiene grasas.

2. Ahora probamos con queso y pan. El queso tiene más grasas que el pan y por eso mancha más el papel.

8. Averigua si el azúcar tiene grasas.

Los alimentos tienen distintos nutrientes: **proteínas**, **vitaminas**, **minerales**, **hidratos de carbono** y **grasas**.

4 La dieta saludable

¿Crees que si Rubén solo comiese lo que le apetece, tomaría todos los nutrientes que necesita para estar sano?

Si tomase solo pasteles, su alimentación no sería saludable y podría enfermar. Para evitarlo, Rubén debería seguir una dieta saludable.

Una dieta saludable

La **dieta** es el conjunto de alimentos y bebidas que toma una persona cada día.

Para seguir una **dieta saludable** debemos incluir en nuestra alimentación todos los nutrientes necesarios. Es decir, debemos tomar proteínas, vitaminas, minerales, hidratos de carbono, grasas y, por supuesto, agua.

Según su edad y su actividad física, cada persona necesita una dieta diferente. Un niño que está creciendo y es muy activo no necesita los mismos nutrientes que un anciano.

Pero ¿cómo podemos saber qué alimentos hemos de tomar y en qué cantidades? La **pirámide de los alimentos** nos informa sobre cómo alimentarnos correctamente.

Consejos para una buena alimentación

Nuestra salud saldrá ganando si, además de tener en cuenta las recomendaciones de la pirámide de los alimentos, seguimos estos consejos:

Debemos comer solo lo necesario y evitar las grasas, ya que el cuerpo acumula lo que le sobra y eso es malo para la salud.

No debemos comer menos alimentos de los que nuestro cuerpo necesita, porque si nos faltan nutrientes, podemos enfermar.

Debemos realizar cinco comidas al día: desayuno, almuerzo, comida, merienda y cena, y evitar comer entre horas.

El desayuno es la comida más importante, ya que nos proporciona la energía necesaria para toda la mañana.

Una **dieta saludable** incluye todos los nutrientes que el cuerpo necesita para crecer y renovarse.

smSaviadigital.com
JUEGA Y APRENDE Crea una dieta saludable.

Actividades

9 ¿Cuántos días a la semana debemos tomar los alimentos que se encuentran en la base de la pirámide?

10 Escribe el nombre de dos alimentos que debes comer todos los días y el de dos de los que no debes abusar.

11 De los hábitos saludables que se citan en esta página, ¿cuál o cuáles de ellos crees que debes mejorar? Razona.

12 Recuerda anotar las comidas de los últimos días. ¡Lo necesitarás para la tarea final!

Así se construye la ciencia

¿Cómo convertimos unos datos en un dibujo?

Vamos a representar mediante un dibujo cómo evoluciona la estatura de una persona. Así veremos mejor cómo ha crecido en cada una de las etapas de su vida.

PASO 1 **Nos fijamos** en las marcas que señalan cuál era la estatura del padre de Marcos en cada edad.

PASO 2 **Dibujamos** cuatro medidores iguales, **marcamos** las cuatro medidas y **unimos** las marcas con una línea.

Razono

1. Fíjate en el dibujo y contesta.

   a) ¿Entre qué edades creció más el padre de Marcos?

   De los 10 a los 20 años. | De los 0 a los 10 años. | De los 20 a los 30 años.

   b) ¿Con qué etapa de la vida se corresponden esos años?

Pongo en práctica

2. ¿Qué crees que ocurrirá con la línea roja a partir de los 30 años? ¿Seguirá subiendo, bajará o seguirá igual? Explica por qué.

3. Cuando Marcos tenía la edad de 1 año medía 70 centímetros de alto. Si crece los mismos centímetros que su padre, ¿qué altura tendrá a los 10 años?

Organiza tus ideas

Nuestro cuerpo

↓

Crece y cambia

- a lo largo de las → Etapas de la vida
- gracias a los →
  - Alimentos → que contienen → Nutrientes
  - Hábitos saludables → como → La higiene → El ejercicio físico

Trabaja con el esquema

1 Copia el esquema y añade ordenadamente el nombre de las etapas de la vida que aparecen a continuación.

madurez | adolescencia | juventud | infancia | ancianidad

2 Observa el dibujo de la familia que aparece en el esquema y contesta.

a) ¿En qué etapa de la vida se encuentra cada persona?

b) Indica las características de cada una de esas etapas.

3 ¿Qué nutrientes aportan fundamentalmente estos alimentos? Incluye dichos nutrientes en el esquema.

4 ¿Qué beneficios nos aportan los hábitos saludables que aparecen en el esquema?

5 Completa el esquema añadiendo otros dos hábitos saludables.

Repasa la unidad

1 ¿En qué etapa de la vida se encuentra cada una de estas personas?

Luis: 50 años Amir: 8 años Rosa: 78 años

2 Copia y completa esta tabla con el nombre de las personas de tu familia y la etapa vital en la que se encuentran.

Nombre	●●●	●●●	●●●	●●●
Etapa	●●●	●●●	●●●	●●●

3 ¿Te parece bien lo que dicen? ¿Por qué?

4 ¿Cuál es la oración correcta? Razona.

A. Los alimentos contienen nutrientes.

B. Los nutrientes tienen alimentos.

5 Óscar come mucho porque dice que así estará más sano. ¿Crees que hace bien? Explica tu respuesta.

6 ¿Cómo cuidas cada día tu higiene?

7 Fíjate en la etiqueta de este producto y después contesta.

a) ¿Qué nutrientes tiene el zumo?

b) ¿Cuál es el que le falta?

c) ¿Qué beneficios nos aporta?

8 Copia y completa este texto.

Según la pirámide de los alimentos, hay que tomar ●●● alimentos de la base, mientras que conviene tomar ●●● alimentos de la parte más alta.

9 Esta es la lista de la compra de Ana. ¿Qué dos productos crees que solo debería comer de vez en cuando?

- Napolitanas de crema
- Lentejas
- Bolsa de patatas fritas
- Filetes de pollo
- Naranjas

10 Javier necesita comer un alimento que le dé energía para jugar un partido. ¿Cuál de estos platos debería elegir? ¿Por qué?

A. Filete de merluza.

B. Macarrones con tomate.

C. Ensalada.

smSaviadigital.com

VALORA LO APRENDIDO Comprueba lo que sabes en la **autoevaluación**.

Ponte a prueba

Un concurso saludable

La profesora de 3.º B ha hecho un concurso para encontrar al mejor cocinero de la clase. El ganador será el que elabore el menú más saludable.

1. Ayuda a Emilio. ¿Qué alimentos eliminarías del menú que ha preparado para el concurso? Razona tu respuesta.
2. ¿Por qué crees que el ganador es Iván?
3. ¿Qué menú hubieras preparado tú?

Tarea final De lo que se come, se cría

Has visto que es fundamental alimentarse correctamente para estar sano. ¿Sigues una dieta saludable? Compruébalo.

PASO 1 Recopila todas las comidas que has ido anotando. Haz un listado según el alimento predominante, por ejemplo, si has comido arroz con tomate clasifícala como arroz.

PASO 2 Usa la pirámide de los alimentos y comprueba que comes cada alimento con la frecuencia adecuada.

PASO 3 Diseña el menú del día para alguien de tu edad. ¡Recuerda que estás en pleno crecimiento! El menú debe tener un primer plato, un segundo plato, bebida y postre.

smSaviadigital.com
VALORA LO APRENDIDO ¿Cómo has trabajado?

Tu revista

Alimentarse en el espacio, un reto difícil

En el espacio los astronautas y los objetos flotan dentro de las naves espaciales. Por eso no se pueden tomar bebidas en vasos y se usan recipientes cerrados para beber con una pajita. Y la comida tiene que ser pegajosa para que se adhiera al plato y a los cubiertos. ¡Imagínate lo que sería tener que ir a la caza de un plato de guisantes!

¿Qué deben tomar los astronautas para conseguir energía?

Troncharse de risa, ¡lo más saludable!

Según los científicos, unas buenas carcajadas son estupendas para nuestra salud. Aumentan el ritmo del corazón, nos hacen ejercitar los músculos, estimulan nuestras defensas y hacen que se liberen unas sustancias que disminuyen el dolor.
Así que ya sabes, ¡a echarte unas risas con los amigos!

¿Qué otro hábito saludable recuerdas?

¿Cómo celebrarás tu 126 cumpleaños?

Cada vez vivimos más años con el cuerpo funcionando estupendamente.

La persona que hasta ahora ha vivido más tiempo ha sido una anciana cubana que ahora tiene ¡126 años!

Se piensa que, entre los que ahora tenéis 8 años, si seguís hábitos saludables, habrá muchos que lleguéis o superéis esa edad.

Para conseguirlo, dos consejos básicos: ejercicio y buena alimentación.

¿Qué beneficios aportan el ejercicio físico y la buena alimentación?

Un menú siempre saludable

En algunas culturas está prohibido comer determinados alimentos, como la carne de cerdo o de vaca.

Para que su dieta siga siendo saludable, en los comedores escolares a los niños de esas culturas se les sustituyen esos alimentos por otros con los mismos nutrientes. Así la alimentación de todos los niños sigue siendo la adecuada.

¿Qué nutriente es el más abundante en un filete?

¿Te apetece un poco?

En muchos países se relamen viendo un plato así, lleno de insectos.

Los bichos de este menú tienen las proteínas que necesitamos para crecer y son bajos en grasas. Entonces, ¿por qué no probarlos?

Eso sí, ¡ten cuidado! No todos los insectos son comestibles. Aunque puedan parecer apetitosos, algunos pueden ser tóxicos.

Además de las proteínas, ¿qué otros nutrientes necesitamos?

Dormir para crecer

¿Cuántas horas deberías dormir a tu edad?

Los recién nacidos duermen ¡casi 20 horas diarias! y únicamente se despiertan cuando tienen hambre.

Mientras dormimos, nuestro cuerpo descansa y se recupera de la actividad diaria. Además, durante el sueño producimos una sustancia que favorece el crecimiento corporal.

Toma nota, ¡a dormir!

4 La materia y los materiales

En busca de la piedra filosofal

En la Antigüedad, muchas personas creían en la existencia de una materia asombrosa capaz de convertir el hierro en oro: la llamaron piedra filosofal. Pensaban que era tan mágica que, además, proporcionaría grandes poderes a la persona que la poseyera, como el de la vida eterna.

Durante siglos, existieron unas personas, los alquimistas, que se dedicaron a experimentar para encontrarla. Por supuesto, no consiguieron su objetivo porque lo que pretendían era imposible. Pero, gracias a su búsqueda, se amplió enormemente el conocimiento sobre la materia y los materiales.

Hablamos

1. ¿Qué poderes se decía que tenía la piedra filosofal? ¿Cómo se llamaba a las personas que experimentaban para encontrarla?

2. El alquimista de la imagen está mezclando distintas sustancias. ¿Qué mezclas puedes preparar tú con estos ingredientes?

   leche · cacao · agua · zumo de limón · azúcar

3. Observa la imagen. ¿Qué instrumento utilizarías para pesar 100 gramos de azúcar? ¿Y para medir 1 litro de agua?

¡Qué importante es... reutilizar los materiales!

Los materiales con los que fabricamos los objetos pueden agotarse. Por eso, siempre que sea posible, debemos reutilizarlos y no malgastarlos.

Tarea final

Crea un yoyó con materiales reutilizados.

1 La materia

Si pusieras estos dos globos en una báscula, ¿cuál crees que pesaría más? ¿Cuál ocupa más espacio? Todas las cosas que ves, como este libro, e incluso muchas de las que no ves, como el aire que llena los globos, tienen **masa** y **ocupan un espacio**. Por eso decimos que son **materia**.

¿Qué propiedades tiene la materia?

La **masa** y el **volumen** son propiedades de la materia:

- La **masa** es la cantidad de materia que tiene un cuerpo. Se suele medir en gramos o en kilogramos mediante balanzas y básculas.
- El **volumen** es el espacio que ocupa la materia. Se suele medir en litros. Para ello se usan recipientes como las jarras y los vasos medidores que tenemos en la cocina.

Experimenta ¿Cómo calculamos la masa?

Luis quiere calcular la masa de Mincho. Fíjate en cómo lo hace.

1. Luis se sube en una báscula de baño para medir su masa.
2. Después, se sube con su perro Mincho.
3. Luis resta los resultados que ha marcado la báscula y obtiene la masa de Mincho.

1 ¿Cómo averiguarías la masa de tu mochila?

Tipos de materia

A nuestro alrededor podemos encontrar materia formada por **un solo componente**, como el agua o el oro. Decimos entonces que esa materia es una **sustancia pura**.

También podemos encontrar materia formada por **varios componentes**, como una ensalada, que está elaborada con distintos ingredientes: tomate, lechuga, aceitunas... En este caso, decimos que la materia es una **mezcla**. Existen dos tipos de mezclas: **homogéneas** y **heterogéneas**.

- En las **mezclas homogéneas**, como el flan, no se distinguen a simple vista las sustancias que las componen.
- En las **mezclas heterogéneas**, como la ensalada, se ven claramente los elementos que las forman.

¿Distingues los elementos de la ensalada? La ensalada es una **mezcla heterogénea**.

El agua está formada por un solo componente. Es una **sustancia pura**.

¿Puedes distinguir la leche y el huevo de este flan? El flan es una **mezcla homogénea**.

La **materia** se caracteriza por tener **masa** y **volumen**, y puede ser una **sustancia pura** o una **mezcla**.

Actividades

2 ¿Qué propiedades nos permiten saber que un objeto es materia?

3 Fíjate en estas mezclas. ¿Cuáles son homogéneas y cuáles heterogéneas?

batido de chocolate | ensalada | *pizza* | paella | leche con cereales | limonada

4 ¿Cómo puedes saber qué juguete tiene más masa? Razona.

2 Los cambios de la materia

¿Podrías coger una nube con tus manos? ¿Y un zapato o el agua de la piscina? Todos estos elementos son materia, pero cada uno de ellos se encuentra en un estado distinto.

Los estados de la materia

La materia puede encontrarse en tres estados: **sólido**, **líquido** y **gaseoso**.

- La materia en **estado sólido** tiene una forma fija. También es fijo su volumen, es decir, el espacio que ocupa.
- La materia en **estado líquido** no tiene una forma fija, es decir, se adapta a la forma del recipiente que la contiene. En cambio su volumen es fijo.
- La materia en **estado gaseoso** no tiene una forma propia. Tampoco su volumen es fijo, ya que tiende a salir del recipiente que la contiene y a ocupar todo el espacio.

La materia cambia

Cuando partimos un trozo de pan, su aspecto cambia pero la composición sigue siendo la misma. Estos cambios, en los que la composición de la materia no varía, se llaman **cambios físicos**.

Existe otro tipo de cambios, llamados **cambios químicos**, en los que la materia se transforma, es decir, su composición cambia y surgen sustancias nuevas. Es lo que ocurre, por ejemplo, cuando arde la madera que se transforma en humo, gases y cenizas.

Los cambios de estado

Cuando calentamos un cubito de hielo, el agua pasa de estado sólido a estado líquido. Si lo seguimos calentando, llega un momento en el que el agua pasa de estado líquido a estado gaseoso. Aunque el aspecto del agua varía, su composición sigue siendo la misma, por eso los **cambios de estado** son cambios físicos.

- Los cambios de estado que se producen cuando calentamos la materia se llaman **fusión** y **vaporización**.
- Los cambios de estado que se producen cuando enfriamos la materia se llaman **condensación** y **solidificación**.

Actividades

5 Elige las palabras que describen el estado líquido.

Forma: fija / variable

Volumen: fijo / variable

6 ¿Qué cambios de estado se producen al calentar la materia? ¿Y al enfriarla?

Observa y comprende — Los cambios de estado

Al calentar

Fusión: Es el paso de estado sólido a estado líquido.

Vaporización: Es el paso de estado líquido a estado gaseoso.

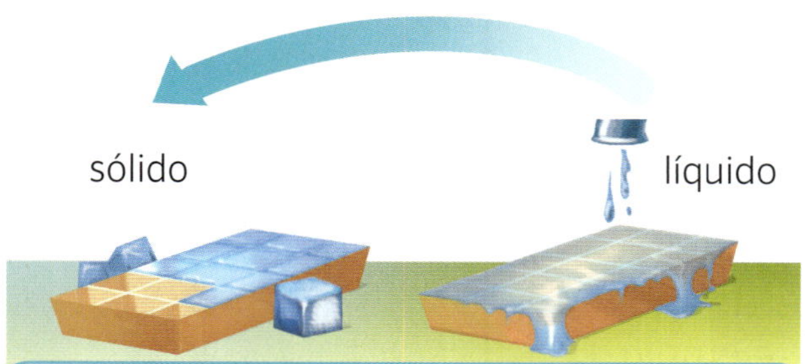

Solidificación: Es el paso de estado líquido a estado sólido.

Condensación: Es el paso de estado gaseoso a estado líquido.

Al enfriar

La materia puede encontrarse en estado **sólido**, **líquido** o **gaseoso**. Al calentarla y al enfriarla, la materia puede cambiar de estado.

smSaviadigital.com
JUEGA Y APRENDE Juega con los cambios de estado del agua.

3 Los materiales

Robinson Crusoe se quedó solo en una isla desierta. Imagina que te pasa lo mismo que a este personaje de novela, ¿qué utilizarías para construirte una cama y confeccionar unas sábanas? ¿De dónde lo obtendrías?

La cama y las sábanas se elaboran con distintos tipos de materia. La materia con la que se fabrican los objetos se llama **material**.

El origen de los materiales

Según de dónde se obtengan, existen dos tipos de materiales: **materiales naturales** y **materiales artificiales**.

- Los **materiales naturales** son los que proceden directamente de la naturaleza, como la madera. Los materiales naturales pueden ser de **origen animal**, de **origen vegetal** o de **origen mineral**. Algunos ejemplos son:

Origen animal

De la piel de las vacas obtenemos el **cuero**, que usamos, por ejemplo, para fabricar zapatos.

De los capullos de algunos gusanos obtenemos la **seda**, que utilizamos, por ejemplo, para hacer pañuelos.

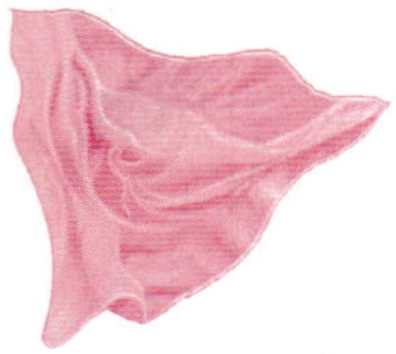

Del pelo de las ovejas obtenemos la **lana**, que nos sirve, por ejemplo, para tejer bufandas.

Origen vegetal

Del tronco de los árboles obtenemos **madera** y **corcho** con los que fabricamos muebles y tapones.

De la flor del algodón obtemos **algodón** que usamos para fabricar, por ejemplo, camisetas.

Origen mineral

Usamos el **granito**, por ejemplo, en fachadas o para fabricar encimeras.

Utilizamos el **mármol**, por ejemplo, en la elaboración de esculturas.

Usamos **arcilla**, por ejemplo, para obtener porcelana y cemento.

- Los **materiales artificiales** son aquellos que se obtienen mediante la transformación de materiales naturales. Por ejemplo, el **papel** resulta de transformar la madera, y el **plástico** se obtiene a partir del petróleo.

Las propiedades de los materiales

Si tuvieras que describir un vaso de vidrio, ¿qué palabras utilizarías? Probablemente dirías que es transparente, porque deja pasar la luz, e impermeable, porque no deja pasar el agua.

Estas características se llaman **propiedades** de los materiales. Las más importantes son:

Actividades

7. Escribe cinco materiales naturales y un objeto fabricado con cada uno de ellos.
8. ¿Por qué el papel es un material artificial si proviene de la madera?

Conducción del calor. Un material es aislante cuando impide que el calor se transmita a través de él, como el plástico del mango del cucharón.

Transparencia. Un material es transparente cuando deja pasar luz a través de él, como el vidrio del vaso.

Impermeabilidad. Un material es impermeable cuando no deja pasar los líquidos a través de él, como el plástico de la botella.

Resistencia. Un material es resistente cuando resulta difícil de romper, como la madera de la mesa.

Elasticidad. Un material es elástico cuando recupera su forma después de estirarlo o doblarlo, como la goma del pelo.

Los **materiales** son la materia con la que se fabrican objetos. Pueden ser **naturales** o **artificiales**. Sus **propiedades** los hacen útiles para elaborar objetos.

4 Uso adecuado y responsable de los materiales

¿Te parece buena idea usar papel para hacer un paraguas? ¿Y cristal para un martillo? Cuando escogemos un material para fabricar un objeto es muy importante tener en cuenta el uso que le daremos.

¿Para qué utilizamos los materiales?

Algunos ejemplos de los usos de los materiales son:

- Para construir **edificios** y **carreteras** se utilizan materiales resistentes que soportan bien la acción de la lluvia, como el hormigón y el asfalto.
- Para confeccionar **ropa** y **calzado** se buscan materiales resistentes que, a la vez, resulten elásticos, ligeros y suaves para que estemos cómodos, como el algodón o el poliéster.
- Para fabricar **máquinas** y **herramientas** se usan materiales resistentes, como el acero. En cambio, las partes por las que las cogemos suelen ser de materiales aislantes que nos protegen del calor o de la electricidad, como el plástico y la madera.

Los materiales y el medio ambiente

La búsqueda de materiales que hagan nuestra vida más cómoda provoca, a menudo, problemas en el medio ambiente. Así, por ejemplo, la tala de árboles para conseguir madera puede provocar la desaparición de bosques.

Existe una fórmula que nos ayuda a conservar el entorno. Es la **regla de las tres R**: Reducir, Reutilizar y Reciclar.

- **Reducir** es consumir menos materiales en nuestra vida diaria. Por ejemplo, reduces el uso de materiales si acabas las hojas de tu cuaderno antes de empezar otro.
- **Reutilizar** es dar un segundo uso a los materiales ya utilizados. Por ejemplo, puedes reutilizar las cajas de los zapatos para guardar juguetes o pinturas de colores.
- **Reciclar** es transformar los materiales usados en otros nuevos para que se puedan volver a utilizar. Cuando separas la basura en casa y la depositas en los contenedores adecuados, ayudas a reciclar.

Actividades

9. Observa la etiqueta de tu ropa y anota los materiales con los que está hecha.
10. ¿Cómo ayuda la regla de las tres R al medio ambiente?

Para elegir el **material** adecuado tenemos en cuenta el **uso** del objeto que vamos a fabricar.

Así se construye la ciencia

¿Cómo recogemos los datos de un experimento?

PASO 1 **Preparamos el montaje** del experimento para comprobar qué ocurre cuando un líquido se calienta.

Ponemos la misma cantidad de agua en dos vasos.

Colocamos un vaso al sol y el otro lo protegemos con un libro.

PASO 2 **Apuntamos los resultados** de nuestro experimento.

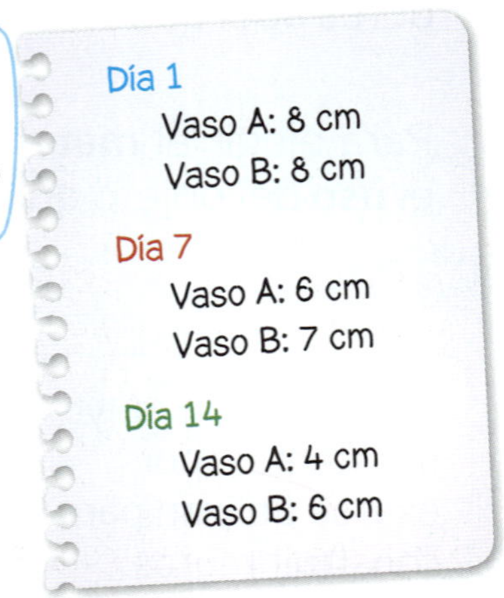

PASO 3 **Organizamos los datos** en una tabla. Después, los **analizamos** y, por último, **sacamos conclusiones**.

	Día 1	Día 7	Día 14
Vaso A	8 cm	6 cm	4 cm
Vaso B	8 cm	7 cm	6 cm

Razono

1. ¿Por qué casi no varía el nivel del agua en el vaso protegido del sol?

Pongo en práctica

2. Realiza la misma experiencia pesando los vasos en una balanza.

Organiza tus ideas

La materia

- tiene → **Propiedades**
  - Masa
  - Volumen
- se encuentra en → **Estado**
  - Sólido
  - Líquido
  - Gaseoso
- sufre → **Cambios**
- forma → **Materiales**
  - pueden ser
    - Naturales
    - Artificiales
  - tienen → Propiedades

Trabaja con el esquema

1. Copia el esquema en tu cuaderno. Después añade en él dos aparatos de medida que podemos usar para calcular la masa y el volumen de la materia.

2. ¿Dónde incluirías en el esquema los tipos de materia? Describe cada uno de ellos y pon ejemplos.

3. Incorpora en tu esquema un ejemplo de materia en estado sólido, líquido y gaseoso que aparezca representado en este dibujo.

4. Copia y completa el texto. Después añade las palabras en tu esquema.

> La materia puede sufrir cambios ●●● y ●●●. Los cambios ●●● pueden ser cambios de estado como la fusión, la ●●●, la ●●● y la ●●●. La combustión, por el contrario, es un cambio ●●●.

5. ¿Qué propiedades de los materiales añadirías en el esquema? Descríbelas.

6. ¿Dónde incluirías la regla de las tres R? Indica qué tipo de basura debes depositar en cada uno de estos contenedores.

Repasa la unidad

1 ¿A qué palabras corresponden las siguientes definiciones?

a) Cantidad de materia de un cuerpo.

b) Espacio que ocupa la materia.

2 Fíjate bien en este yogur de melocotón. ¿Crees que es una mezcla homogénea o heterogénea? ¿Por qué?

3 A Miguel se le han derretido los hielos del zumo. ¿Qué ha ocurrido?

a) ¿Cómo se llama el cambio de estado que se ha producido?

b) Para que el agua volviese a transformarse en hielo, ¿aplicarías calor? ¿Qué cambio de estado se produciría?

4 Empareja en tu cuaderno cada objeto con el material para fabricarlo.

Objetos
zapatos tenedor puerta guantes suelo

Material
metal madera mármol lana cuero

5 Descubre las oraciones falsas y escríbelas correctamente en tu cuaderno.

a) Los sólidos tienen un volumen variable.

b) Los gases tienen la forma y el volumen fijos.

c) Los líquidos tienen una forma variable.

6 Copia la tabla en tu cuaderno y clasifica en ella estos materiales según su origen.

mármol · madera · arcilla · lana · cuero · algodón · corcho · seda · granito

Animal	Vegetal	Mineral
●●●	●●●	●●●

7 ¿Qué número le corresponde a cada objeto según sus características?

1 Resistente
No elástico
Conductor de calor

2 Transparente
Impermeable
No elástico

3 Resistente
No impermeable
Elástico

8 Completa las oraciones en tu cuaderno.

a) La  es ●●● porque soporta peso sin romperse.

b) La  es ●●● porque deja pasar la luz.

c) La  es ●●● porque recupera su forma después de deformarse.

9 Cuando depositamos las botellas de vidrio en el contenedor verde, ¿reutilizamos o reciclamos? ¿Cuál es la diferencia?

smSaviadigital.com
VALORA LO APRENDIDO Comprueba lo que sabes en la **autoevaluación**.

Ponte a prueba

¿Qué material elegirías?

En casa de Clara están haciendo todos los preparativos para celebrar su cumpleaños...

1. ¿Qué bandeja crees que elegirán Clara y su padre para mantener la tarta helada lo más fría posible?

2. Coloca cubitos de hielo en una bandeja metálica y en una de vidrio. ¿Dónde se fundirán antes? Compruébalo.

Tarea final Un yoyó ecológico

¿Preparados para jugar? Juntos fabricaremos un yoyó.

PASO 1 Recortamos un trozo de cartón que tenga 7 cm de alto y 4 cm de ancho, lo enrollamos y lo metemos a presión en el agujero central de un CD antiguo.

PASO 2 Cortamos 60 cm de cuerda fina de algodón y la atamos al tubo de cartón.

PASO 3 Finalmente, introducimos a presión el otro extremo del tubo de cartón en otro CD. Hacemos una lazada para el dedo en el extremo del hilo y... ¡A jugar!

PASO 4 En la construcción de este yoyó, ¿estamos reduciendo, reciclando o reutilizando materiales? Escribe en tu yoyó cuál de las tres R estamos aplicando.

smSaviadigital.com

VALORA LO APRENDIDO ¿Cómo has trabajado?

Tu revista

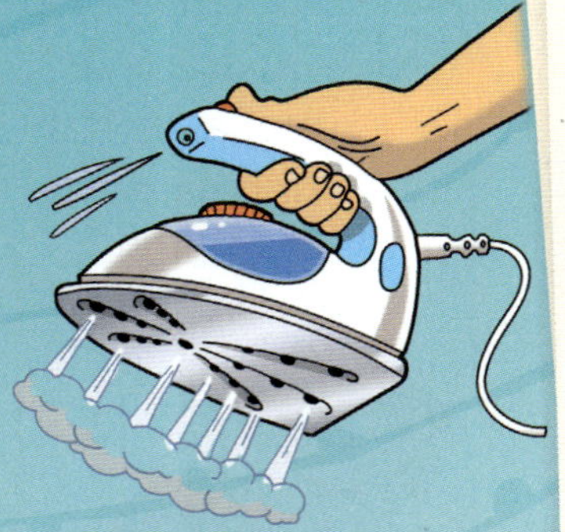

Un cambio de estado muy útil...

El paso del agua del estado líquido al estado gaseoso nos facilita mucho la tarea de planchar.

Las planchas modernas calientan el agua y la expulsan como vapor de agua por unos agujeritos, de modo que la prenda se va humedeciendo, lo que estira la ropa arrugada.

¿Cómo se llama el cambio del estado líquido al gaseoso?

...y otro cambio muy peligroso

El interior de la Tierra está tan caliente, que las rocas se funden y se convierten en un líquido espeso llamado magma. Cuando los volcanes entran en erupción, el magma sale al exterior y forma ríos de lava.

Cuando la lava se enfría, ¿se convierte en un sólido o en un gas?

Materia que no se ve

Unos científicos japoneses han fabricado una capa como la que usaba Harry Potter para caminar por los pasillos de su colegio sin que nadie le viera. ¡Sí! ¡Una capa de invisibilidad! ¡La de goles que se podrían meter con ella puesta!

¿Cuál es la propiedad de los materiales que dejan pasar toda la luz?

¡Vaya tela!

Ni Spiderman podría lanzar una tela más resistente que la de las arañas auténticas.

Si se fabricara un cable hecho con el material de las telas de araña que tuviera el grosor de un lápiz y 30 km de longitud, podría parar en seco un avión a reacción.

El material de la tela de araña es tan ligero que un hilo que rodeara la Tierra pesaría lo mismo que una pastilla de jabón.

¿Qué otros materiales resistentes conoces?

Da la lata, por favor

Sí, has leído bien, da la lata todo lo que puedas, pero de la forma correcta. Si tiras una lata fuera del contenedor adecuado, puede tardar hasta 500 años en degradarse y habrás despilfarrado toda la energía que se usó para fabricarla.

Si la reciclas, ayudarás a ahorrar muchísima energía y la Tierra te lo agradecerá.

¿De qué color es el contenedor donde tienes que depositar las latas?

MÚSICA DE LA BASURA

¿Sabes que en Sudamérica hay varias orquestas que usan instrumentos como violines o violonchelos construidos con materiales recogidos de los basureros?

¡Y suenan estupendamente!

¿Hay algún material que recicles en tu casa?

Casas de barro

En algunos lugares del mundo se construyen casas con ladrillos de adobe. Este material consiste en barro mezclado con paja y, a veces, ¡hasta con pelo de caballo!

Es un sistema barato y respetuoso con el medio ambiente, pero resiste mal la lluvia y los terremotos.

¿Qué otros materiales de construcción conoces?

Comprueba lo que has aprendido

Test

¿Recuerdas todo lo que has aprendido durante este trimestre? Compruébalo en este test.

1. ¿Cuál es el orden correcto?

A. Infancia, juventud, adolescencia

B. Infancia, adolescencia, juventud

C. Adolescencia, infancia, juventud

2. ¿Qué afirmación es verdadera?

A. Es mejor no hacer ejercicio físico para no cansarse.

B. Para tener buena salud, lo ideal es comer solo verduras y frutas.

C. Es importante colocar bien la mochila sobre los dos hombros.

3. Si hay que incluir pocas grasas en la dieta, ¿qué eliminarías del bocadillo?

A. El chorizo

B. La tortilla

C. La lechuga

4. ¿Qué nutriente va a tomar principalmente Rosa?

A. Proteínas

B. Grasas

C. Vitaminas

5. ¿Qué tipo de materia es esta *pizza*? Observa sus ingredientes.

A. Es una mezcla homogénea.

B. No es una mezcla de componentes.

C. Es una mezcla heterogénea.

6. ¿Qué cambio de estado se está produciendo en el helado de Raúl?

A. Fusión

B. Solidificación

C. Vaporización

7. Un material es elástico si...

A. Recupera su forma después de haberse deformado.

B. Se dobla sin romperse.

C. No deja pasar el agua.

8. ¿Qué es reciclar?

A. Transformar materiales usados para volver a utilizarlos.

B. Dar otro uso a los materiales.

C. Consumir menos materiales.

smSaviadigital.com REPASA

Una rica comida saludable

El padre y la madre de Daniel y Sofía están preparando una comida saludable para chuparse los dedos.

1. ¿Qué cambio de estado se produce cuando hierve el agua para la sopa? ¿Es un cambio físico o químico?
2. ¿Qué nombre recibe el paso del estado gaseoso al estado líquido que ocurre en la tapa de la cazuela?
3. Indica qué alimentos de la comida que toman Daniel y Sofía proporcionan más energía. ¿Cuáles crees que aportan más vitaminas?
4. Añade un postre saludable para completar esta comida.

Un museo en clase

PROYECTO TRIMESTRAL
Descubrimos el arte

Listos para pintar

Antes de pintar un cuadro, es importante decidir qué materiales se van a utilizar. Como ya sabes, cada material tiene características diferentes que harán que el resultado sea distinto.

¿Sobre qué materiales pintan los pintores?

tela

madera

papel

1. Compara los materiales. Después copia y completa esta tabla con el nombre del material que corresponde según sus características.

	Resistente	Transparente	Elástico	Permeable
Más	●●●	●●●	●●●	●●●
Menos	●●●	●●●	●●●	●●●

2. Estos materiales, ¿son naturales o artificiales? ¿Por qué?

¿Con qué pintan?

Para pintar, los artistas utilizan pinceles de distinto grosor, espátulas e incluso objetos cotidianos, como cepillos, esponjas o rodillos. El instrumento empleado puede proporcionar un aspecto muy distinto al cuadro.

3. ¿Qué instrumentos crees que tienen el extremo más flexible? ¿Qué puede ocurrir si los pintores no limpian el pincel después de terminar su cuadro?

¿Qué tipo de pintura utilizan?

En las acuarelas se utiliza mucha agua, por lo que tardan en secar. Los colores son transparentes y normalmente es necesario dar varias capas de pintura.

El óleo se seca más lentamente que las acuarelas. Con este tipo de pintura se obtienen colores más brillantes, además, permite repasar zonas ya pintadas y cubrirlas de otros tonos o colores.

Diana Ong, *Multitud*

Jan van Kessel *el Viejo*, *Naturaleza muerta con verduras*

4 Observa los cuadros de los pintores Diana Ong y Jan van Kessel *el Viejo*. ¿Qué diferencias encuentras entre ellos?

5 Los cuadros en los que se representan alimentos se llaman bodegones. Observa el bodegón que está pintado al óleo y realiza las siguientes actividades:

a) ¿Qué tipo de alimentos aparecen en el cuadro?

b) Escribe los alimentos que faltan en el bodegón para conseguir una dieta sana y equilibrada.

c) Pinta un bodegón en el que aparezcan los alimentos necesarios para un menú saludable.

5 La energía

La fuerza de la naturaleza

Es impresionante ver el mar embravecido, con gigantescas olas levantadas por la enorme violencia de un viento huracanado.

No es de extrañar que, en otros tiempos, los seres humanos pensaran que todo esto estaba provocado por la ira de los dioses. Entre los dioses más temidos estaban Eolo, el dios del viento, y Neptuno, el del mar, a quienes creían causantes de las terribles tormentas que hacían naufragar a los barcos en sus travesías.

Hoy sabemos que Eolo no controla el viento. El viento es un fenómeno atmosférico que puede ser peligroso. Pero también puede ser muy útil si se sabe usar, por ejemplo, para hacer navegar un barco de vela.

Hablamos

1. En otros tiempos se creía que existía un dios del viento. ¿Cómo se le llamaba?

   Neptuno   Eolo   Zeus

2. ¿Qué crees que es el viento? Defínelo con tus propias palabras.
3. ¿Qué problemas puede ocasionar el viento? Indica dos ejemplos.
4. ¿Cómo aprovechamos el viento? Cita tres utilidades del viento.

¡Qué importante es... ahorrar energía!

Conviene hacer un buen uso de las fuentes de energía, incluso de las que no se agotan.

Tarea final

Además de ser útil para navegar, el viento nos proporciona energía. ¿Sabes cómo? Averígualo y construye ¡tu propio parque eólico!

1 La energía y sus transformaciones

Frota con fuerza tus manos, como cuando sientes frío. ¿Notas cómo se calientan? ¿Qué crees que ha producido este cambio? ¿Tendrás poderes mágicos?

Este cambio se ha producido gracias a la **energía**. La energía está en todas partes, aunque no la podamos ver, y causa todos los cambios que ocurren a nuestro alrededor.

Las formas de la energía

La energía se presenta de muchas formas, por ejemplo, en forma de **energía calorífica** como la que sentimos al frotarnos las manos. La energía también se puede manifestar en forma de **energía luminosa**, **química**, **eléctrica**, **cinética** y **sonora**.

La **energía calorífica** es la que poseen los cuerpos que emiten calor, como esta taza, una estufa o una hoguera.

La **energía luminosa** es la que tienen los cuerpos que emiten luz, como una vela, el Sol o una bombilla.

La **energía química** es la que se almacena en los alimentos, en los combustibles y en todos los seres vivos.

La **energía eléctrica** es la que poseen los rayos en las tormentas y la que utilizan los aparatos eléctricos.

La **energía cinética** está presente en los cuerpos en movimiento, como las olas o una persona corriendo.

La **energía sonora** es la que emiten algunos cuerpos al vibrar, como los instrumentos musicales.

Los cambios de la energía

Cuando enciendes una lámpara, la energía eléctrica se convierte en luz, es decir, en energía luminosa. Esto se debe a que la energía se transforma continuamente de una forma de energía en otra.

smSaviadigital.com
JUEGA Y APRENDE
La energía en tu casa.

Observa y comprende — La energía se transforma

energía eléctrica → energía luminosa

energía cinética → energía sonora

energía química → energía cinética

energía eléctrica → energía calorífica

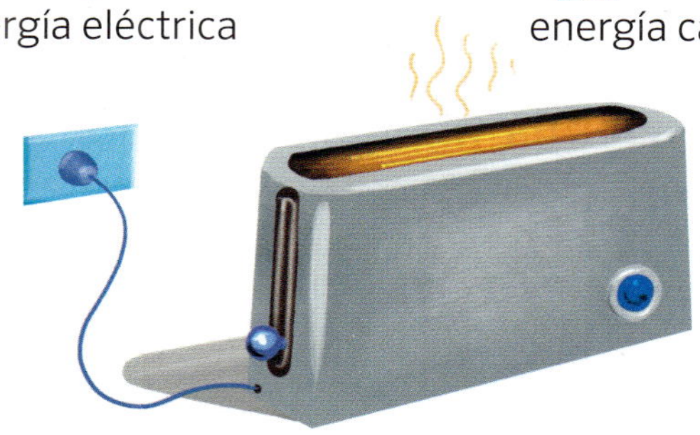

- La **energía** es todo lo que puede producir cambios.
- La energía se manifiesta como energía **calorífica**, **luminosa**, **química**, **eléctrica**, **cinética** o **sonora**, y se **transforma** de un tipo de energía en otro.

Actividades

1. Localiza los errores en esta oración y corrígela en tu cuaderno.

   La energía cinética se almacena en los combustibles y en los seres vivos.

2. Escribe el nombre de dos aparatos que transformen la energía eléctrica en otra forma de energía. ¿En qué forma de energía se ha transformado en cada caso?

2 Las fuentes de energía

Las cometas vuelan gracias a la energía cinética del viento. En cambio, un autobús o un coche usan la energía química de la gasolina para moverse.

El viento y la gasolina nos proporcionan energía, por eso se llaman **fuentes de energía**. Las fuentes de energía pueden ser **renovables** o **no renovables**.

Las fuentes de energía renovables

Algunas fuentes de energía, como el **Sol**, el **viento** o el **agua en movimiento**, se llaman **fuentes de energía renovables** porque **no se agotan** cuando las utilizamos.

- La energía que obtenemos del **Sol** se llama **energía solar**. Se recoge en unos aparatos denominados **paneles solares**. Existen dos tipos de paneles: unos aprovechan la energía calorífica del Sol para calentar agua y otros transforman la luz solar en energía eléctrica, es decir, en electricidad.
- La energía que obtenemos del **viento** se llama **energía eólica**. Se aprovecha en unos aparatos denominados **aerogeneradores**, que la transforman en electricidad.
- La energía que obtenemos del **agua en movimiento** se llama **energía hidráulica**. Se aprovecha para producir electricidad en las **centrales hidroeléctricas**.

Experimenta La energía del agua mueve una rueda

1. Coge plastilina, haz un disco y atraviésalo con un lápiz.
2. Clava cuatro cucharillas de helado en el borde del disco.
3. Coloca el montaje en el borde de un recipiente y vierte agua sobre las cucharas. ¿Qué ocurre?

3 ¿Qué sucederá si dejamos de echar agua? ¿Cómo se llama la fuente de energía que estamos usando?

Las fuentes de energía no renovables

Existen algunas fuentes de energía, como el petróleo, que pueden **llegar a agotarse** si las consumimos más deprisa de lo que pueden generarse. Estas fuentes se llaman **fuentes de energía no renovables**.

Las más importantes son los **combustibles fósiles**, que se formaron hace millones de años a partir de seres vivos que quedaron enterrados. Los combustibles fósiles más utilizados son el carbón, el gas y el petróleo.

- El **carbón** se extrae de las minas y lo quemamos para producir energía calorífica y eléctrica.
- El **gas** se extrae perforando el suelo y se utiliza, sobre todo, para la calefacción y para producir electricidad.
- El **petróleo** se extrae perforando pozos en la tierra y se usa, por ejemplo, para obtener gasolina y gasóleo. Fíjate en cómo se forma y en cómo se extrae:

Actividades

4. ¿Por qué decimos que el viento es una fuente de energía renovable?
5. ¿Qué tipo de fuente de energía usamos en los coches?
6. Explica cómo se forma el petróleo.

1. **Animales** y **plantas** quedaron enterrados en el fondo de los océanos hace millones de años.

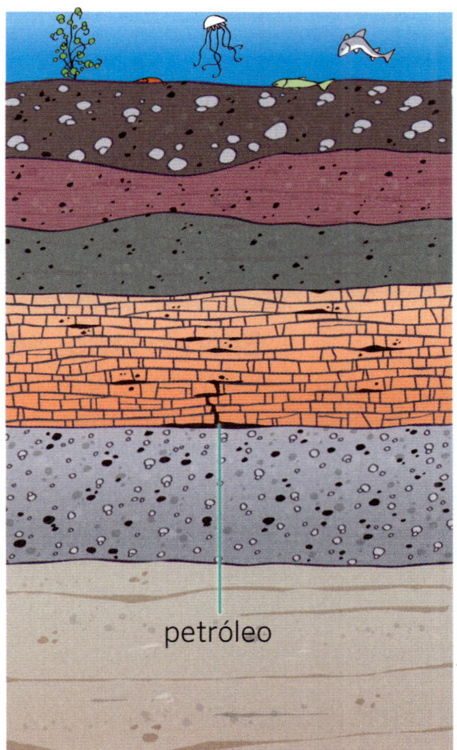

2. Con el tiempo, esos restos se transformaron en un líquido negro y espeso: el **petróleo**.

3. Hoy día el petróleo se extrae del suelo por medio de **pozos petrolíferos**.

Las **fuentes de energía** pueden ser **renovables** o **no renovables**.

3 La energía en nuestra vida

¿Alguna vez se ha ido la luz en tu casa? Si te ha ocurrido, probablemente no habréis podido cocinar, ni tener agua caliente, ni usar el ordenador o la televisión.

Usamos la energía para multitud de tareas, por ejemplo, para el **transporte**, para los trabajos en el **campo**, para habitar los **edificios** y para que funcionen las **fábricas**.

Como ves, en los pueblos y en las ciudades dependemos en nuestro día a día de la energía eléctrica y de la que nos proporcionan los combustibles fósiles y la energía eléctrica.

Energía para el campo.
Casi todas las máquinas que usan los agricultores utilizan **gasolina** o **gasóleo**, que obtenemos del petróleo.

Energía en los edificios.
En los hogares la **electricidad** hace que funcionen casi todos los aparatos que utilizamos. Estos aparatos transforman la electricidad en energía sonora, calorífica, luminosa...

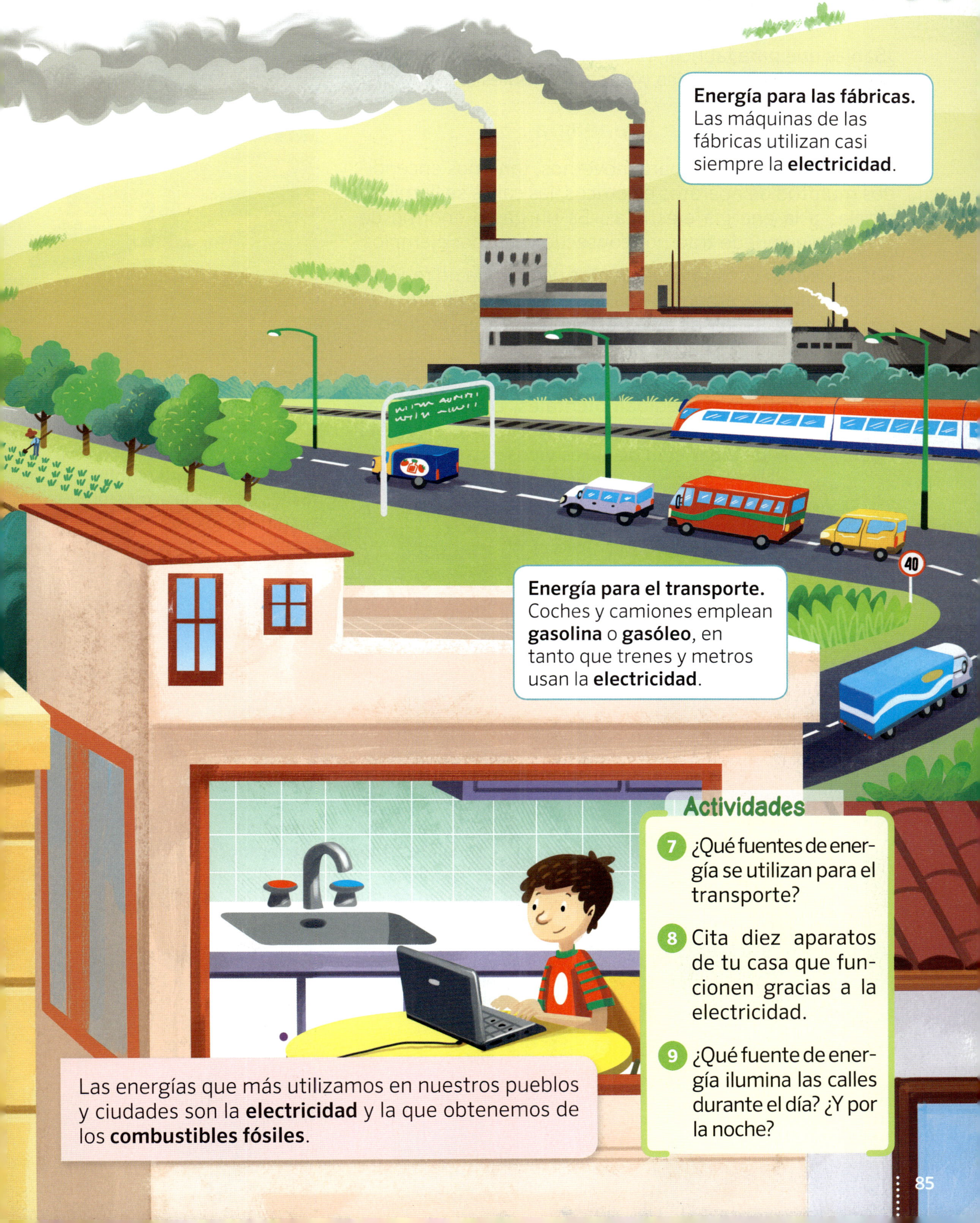

Energía para las fábricas. Las máquinas de las fábricas utilizan casi siempre la **electricidad**.

Energía para el transporte. Coches y camiones emplean **gasolina** o **gasóleo**, en tanto que trenes y metros usan la **electricidad**.

Las energías que más utilizamos en nuestros pueblos y ciudades son la **electricidad** y la que obtenemos de los **combustibles fósiles**.

Actividades

7. ¿Qué fuentes de energía se utilizan para el transporte?
8. Cita diez aparatos de tu casa que funcionen gracias a la electricidad.
9. ¿Qué fuente de energía ilumina las calles durante el día? ¿Y por la noche?

4 La energía y el medioambiente

¿Sabías que para fabricar estas botellas de agua se ha necesitado energía eléctrica y de combustibles fósiles?

Abuso y mal uso de la energía

Solemos usar el coche para movernos, tenemos encendidos multitud de aparatos eléctricos, las calles se iluminan gracias a la energía eléctrica... Es un gasto enorme de energía que puede traernos consecuencias, por ejemplo:

- El abuso del consumo de fuentes de energía no renovables, como el carbón, el gas o el petróleo, pueden ocasionar problemas de **abastecimiento** y que lleguen a **agotarse** con el paso del tiempo.
- La producción y el consumo de energía pueden causar graves **problemas medioambientales**, como la **contaminación** del aire, del suelo y del agua, la **alteración del paisaje** o la **desaparición de seres vivos**.

El objetivo es usar bien la energía

Es muy importante que todos estemos convencidos de la importancia de usar correctamente la energía.

Los gobiernos, los ayuntamientos, las empresas... tienen un papel fundamental. Por ejemplo, pueden tomar medidas para promover el uso de **energías renovables** o mejorar los **transportes colectivos**, como los autobuses o los trenes, para evitar que se use demasiado el coche.

Y tú, ¿cómo puedes ahorrar energía?

En casa o en el colegio, tú también puedes contribuir al ahorro de la energía con acciones como estas.

Apagar los aparatos eléctricos que no se estén usando.

Apagar las luces de las habitaciones si no hay nadie en ellas.

Cerrar las puertas y las ventanas si está encendida la calefacción.

Usar el autobús o la bicicleta, o ir andando siempre que se pueda.

Reducir el consumo de energía ayuda a que no se agoten las fuentes no renovables y disminuye los problemas ambientales.

Actividades

10 ¿Qué es mejor, ducharse o darse un baño? Explica las razones.

sm**Savia**digital.com
PRACTICA Medidas de ahorro energético.

Así se construye la ciencia

Conocemos un fenómeno por sus efectos

PASO 1 **Preparamos el experimento.** Colocamos una hoja de periódico al sol y otra hoja a la sombra.

PASO 2 **Comprobamos** qué ha ocurrido con las hojas de periódico al cabo de una semana.

Razono

1. ¿Cuál ha sido el efecto que nos ha ayudado a detectar la energía del sol? Razona la respuesta.

Pongo en práctica

2. Idea un experimento para descubrir la energía del viento fijándote en sus efectos. Descríbelo paso a paso.

Organiza tus ideas

La energía

- produce → **Cambios**
- se manifiesta de distintas → **Formas**
- se obtiene a partir de distintas → **Fuentes**
  - que pueden ser → **Renovables** → **No renovables**
- se usa en → **Campo** → **Edificios** → **Fábricas** → **Transporte**
- su mal uso genera → **Problemas ambientales**

Trabaja con el esquema

1. Indica dos ejemplos de transformaciones de energía. ¿En qué parte de este esquema los incluirías?

2. ¿Con qué forma o formas de energía relacionarías las siguientes imágenes? Copia el esquema y añádelas.

a 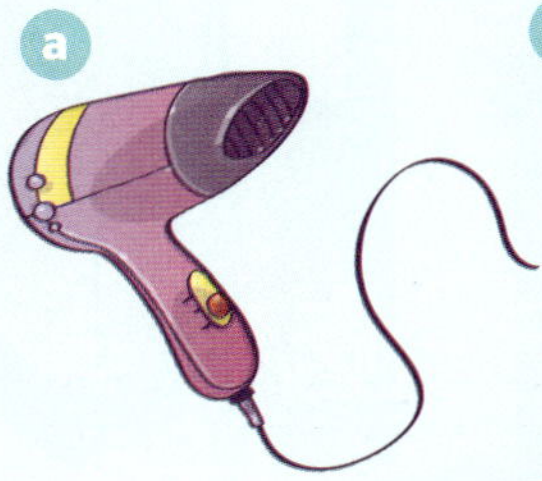

b 

c 

d 

3. ¿De dónde obtenemos energía? Utiliza el esquema para explicarlo.

4. Observa el esquema e indica dónde colocarías las siguientes palabras.

carbón · agua en movimiento · gas · central hidroeléctrica · Sol · petróleo · panel solar · viento · aerogenerador

5. Añade en el esquema de tu cuaderno los problemas que puede generar el mal uso de la energía. ¿Qué medidas se te ocurren para evitarlos?

Repasa la unidad

1 Escribe qué forma de energía tiene cada uno de estos elementos.

a

b

c

2 Clara es muy despistada. Observa y contesta las preguntas.

a) ¿En qué forma de energía se tendría que transformar la energía eléctrica de la lavadora para asar el pollo?

b) ¿En qué aparato lo podría calentar?

c) ¿En qué forma de energía se transforma la energía eléctrica en la lavadora?

3 ¿Es la misma fuente de energía la que impulsa a estos dos deportistas? Razona tu respuesta.

a

b

4 Piensa y escribe cinco actividades que no podrías hacer si no llegara la energía eléctrica a tu casa.

5 Elige y copia en tu cuaderno las características que describen estos objetos.

a) Usan una fuente de energía renovable.

b) Su uso contamina el medioambiente.

c) Transforman energía sonora en química.

d) Habría que aumentar su uso para ahorrar otras fuentes de energía.

6 ¿En qué transforman estos aparatos la energía eléctrica?

7 ¿Cómo puede contaminar el medioambiente el uso de la energía?

8 ¿Por qué crees que son respetuosas con el medioambiente estas acciones?

a

b

sm**Savia**digital.com

VALORA LO APRENDIDO Comprueba lo que sabes en la **autoevaluación**.

Ponte a prueba

Una explosión de energía

1. ¿Qué formas de energía se perciben?
2. ¿Qué cambios de energía se han producido desde que han encendido el cohete?
3. ¿Por qué es tan peligroso tocar los cartuchos vacíos que caen al suelo después de que los cohetes exploten en el aire?

Tarea final **Aprovéchate del viento**

Los aerogeneradores aprovechan la energía del viento para producir electricidad. ¡Ponte manos a la obra y monta tu propio parque eólico!

PASO 1 Seguimos los pasos de la imagen para construir un molinillo. ¡Ya tenemos el primer aerogenerador!

PASO 2 Creamos nueve más y los colocamos junto al primero en un trozo cuadrado de corcho blanco. ¡Hemos construido un parque eólico!

PASO 3 Los aerogeneradores se colocan para aprovechar al máximo el viento. ¿Cómo girarán mejor, si el viento sopla de frente o de lado? ¡Sopla y compruébalo!

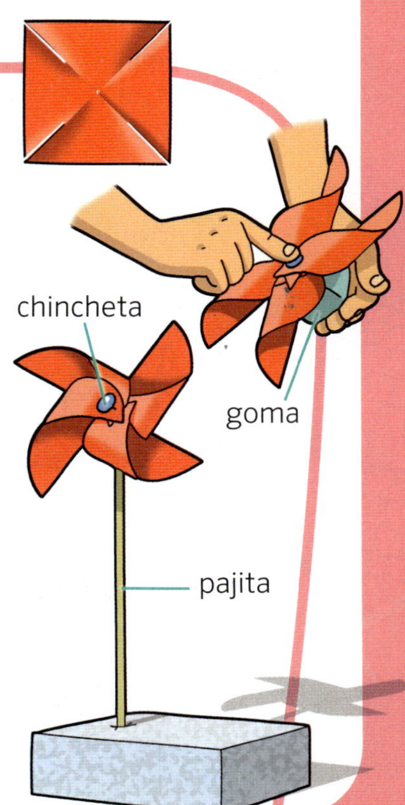

smSaviadigital.com

VALORA LO APRENDIDO ¿Cómo has trabajado?

Tu revista

Un uso de la energía…

¿Es renovable esta energía?

un poco cochino…

A alguien se le ha ocurrido la genial idea de obtener energía eléctrica a partir de las cacas de vacas y cerdos. Los excrementos de estos animales generan un gas que mueve unas máquinas que producen electricidad.

… esperanzador…

Se ha descubierto la posibilidad de colocar una especie de panel solar en el ojo de las personas con discapacidad visual. El dispositivo convierte la luz solar en energía eléctrica, pero en lugar de utilizarla para que funcionen los aparatos eléctricos que tenemos en casa, se usa para que puedan ver. ¡Qué buena idea!

¿Qué fuente de energía utiliza este dispositivo?

… ¡y muy marchoso!

Algunas ciudades se están planteando instalar en el suelo de sus calles paneles que permitan generar energía a partir de las pisadas de los peatones. Con esa energía, pretenden iluminar las calles.

¿Cómo se llama la energía debida al movimiento?

¿Cómo crees que se ha alterado el paisaje en estas zonas?

¿Un pueblo fantasma?

Ya sabes que, gracias a los embalses, aprovechamos la energía del agua. Lo que quizá no sepas es que, en épocas de sequía, cuando la lluvia escasea, el nivel del agua puede bajar tanto que es posible ver los restos de los pueblos que quedaron sumergidos al construir los embalses.

Un buen calambre para defenderse

Hay animales, como la anguila eléctrica, a los que no les hace falta tener veneno, pinchos o dientes para atacar o defenderse. Simplemente, tocan a sus víctimas y les dan una fuerte descarga eléctrica con la que las aturden y las dejan indefensas.

¿Qué otra manifestación de la energía eléctrica conoces en la naturaleza?

Una voz con energía

Se conocen muchos casos de cantantes que son capaces de romper un cristal con su voz.

Pero no intentes hacerlo tú, porque podrías hacerte daño en la garganta. Se necesita una enorme potencia de voz y que, además, sea emitida de una forma especial para poder romper un cristal.

¿Cómo se llama la energía que se manifiesta en forma de sonido?

6 Las máquinas

Un misterio sin resolver

¿Has oído hablar alguna vez de las pirámides de Egipto?

Son unas construcciones gigantescas, tan altas como un edificio de aproximadamente setenta pisos. ¿Te imaginas?

Las pirámides se construyeron en medio del desierto hace más de cuatro mil años. Para edificarlas se utilizaron enormes bloques de piedra colocados unos encima de otros. Cada bloque pesaba muchísimo... ¡Casi como un camión!

Todavía sigue siendo un misterio cómo los egipcios pudieron transportar y subir esos pesados bloques hasta formar estas estructuras colosales. Se piensa que utilizaban largas rampas. ¿Se te ocurre alguna idea mejor?

Hablamos

1. ¿Cuándo se construyeron las pirámides? ¿En qué país están?
2. En la imagen, ¿qué ponen debajo de los bloques que están subiendo?
3. ¿Qué máquinas crees que se usarían hoy día para subir los bloques?
4. ¿Crees que sería más fácil mover los bloques si las rampas fueran más inclinadas? Explica por qué.

¡Qué importantes son... los avances tecnológicos!

A lo largo de la historia las máquinas se han ido adaptando a nuestras necesidades y nos han hecho la vida más agradable facilitándonos nuestras tareas cotidianas.

Tarea final

Descubre que sabes lo suficiente como para poner orden en unas máquinas disparatadas.

1 Las máquinas y su funcionamiento

El coche de Marcos se ha averiado. Por mucho que lo han intentado, Marcos y sus padres no han conseguido arrancarlo. ¡Menos mal que ha venido la grúa! ¿Te imaginas lo que les habría costado empujar el coche hasta el taller más cercano?

¿Qué son las máquinas?

Las **máquinas**, como la grúa y el coche, son aparatos que nos ayudan a realizar tareas con menos esfuerzo y, además, nos proporcionan una vida más cómoda y agradable.

En nuestra vida cotidiana estamos rodeados de máquinas. Algunas de ellas son muy sencillas, como unas tijeras o un sacapuntas, pero otras son complicadísimas. Por este motivo distinguimos dos tipos de máquinas, **máquinas simples** y **máquinas compuestas**:

- Las **máquinas simples** están formadas por muy pocas piezas, llamadas componentes. Una rueda, un martillo o unas pinzas son máquinas simples.
- Las **máquinas compuestas** están formadas por muchos componentes. Una bicicleta, una televisión, un coche o un ordenador son máquinas compuestas.

smSaviadigital.com
PRACTICA Distingue entre máquinas simples y compuestas.

Máquinas simples

Máquinas compuestas

¿Cómo funcionan las máquinas?

Para que una máquina funcione necesita energía. Según el tipo de energía que utilicen para funcionar, clasificamos las máquinas como **manuales**, **eléctricas** o **térmicas**.

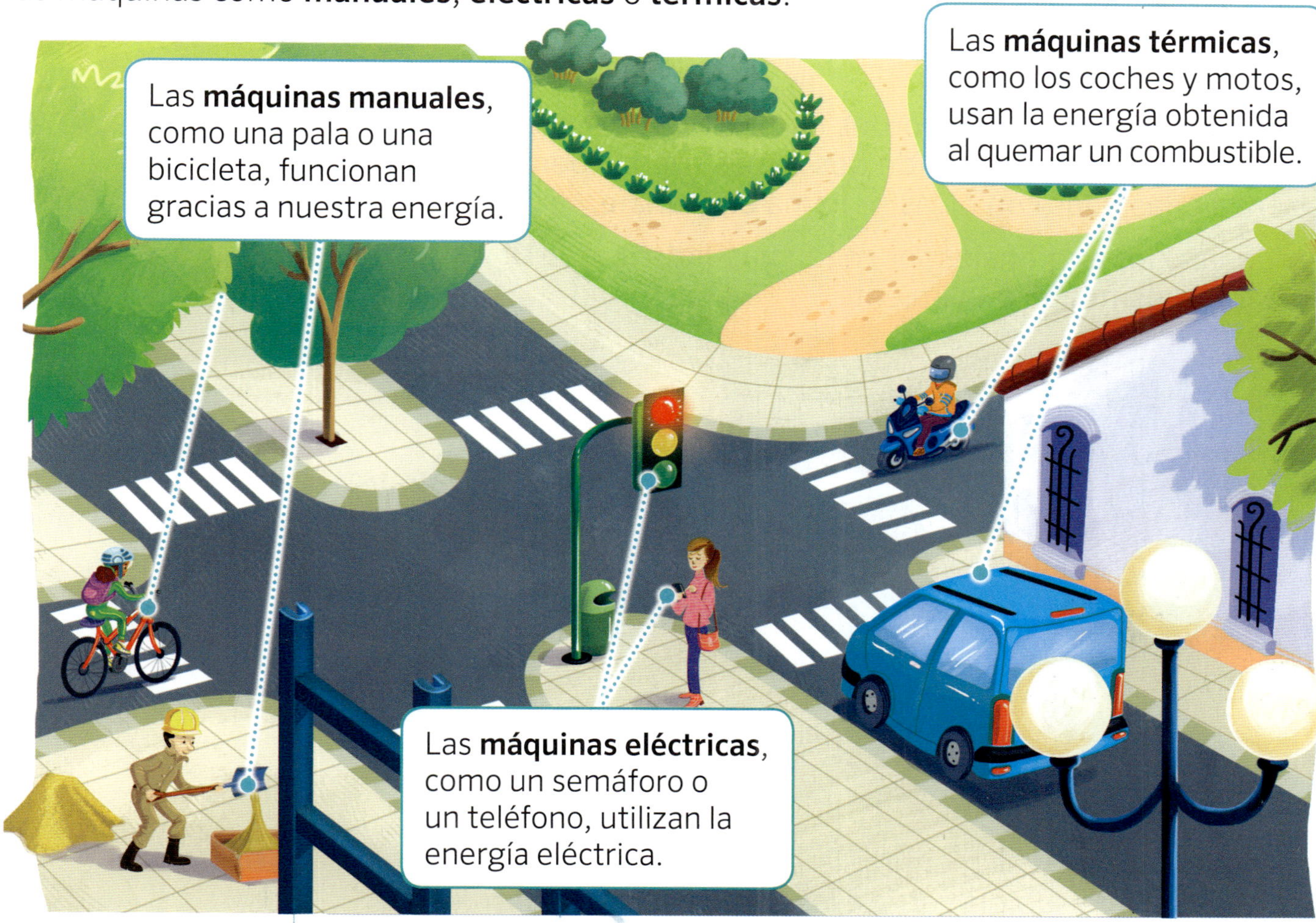

Las máquinas y los trabajos

Los trabajadores de todas las profesiones utilizan **herramientas** o **máquinas** para realizar sus tareas. A veces son herramientas o **máquinas simples**. Así, los carpinteros usan martillos; los cirujanos se ayudan de bisturíes y los agricultores emplean azadas.

En otras ocasiones, los trabajadores utilizan **máquinas compuestas**, como los tractores que manejan los agricultores o los ordenadores que son de gran utilidad en muchísimas profesiones: por ejemplo, para los periodistas.

Las **máquinas** nos hacen la vida más cómoda y agradable. Pueden ser **simples** o **compuestas**, según el número de piezas que tengan, y **manuales**, **eléctricas** o **térmicas**, según la energía que las haga funcionar.

Actividades

1. ¿Qué diferencia hay entre máquinas simples y compuestas?
2. Clasifica estas máquinas según sean manuales, térmicas o eléctricas.

a

b

c

d

2 Las máquinas simples y sus usos

Las máquinas simples más comunes son la **rueda**, el **plano inclinado**, la **palanca** y la **polea**.

La rueda

Una **rueda** es un disco circular que gira alrededor de un **eje** central.

A veces las ruedas tienen bordes dentados que encajan unos con otros. El conjunto de dos o más ruedas dentadas encajadas unas con otras se llama **engranaje**.

Las ruedas y los engranajes son máquinas simples que sirven para transmitir el movimiento.

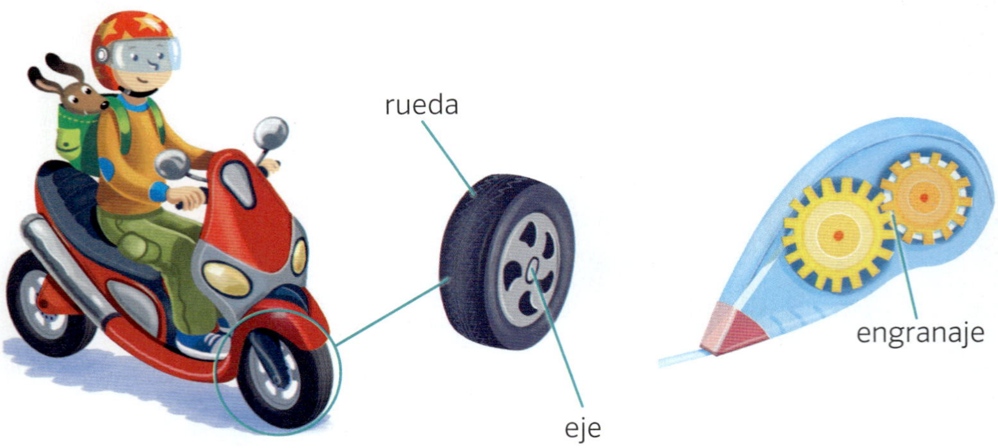

El plano inclinado

Aunque pueda parecer mentira, la rampa que se utiliza, por ejemplo, para subir la carga a los camiones o para bajar el carrito de la compra es una máquina simple. Esta máquina se llama **plano inclinado**.

El plano inclinado se usa para subir o bajar objetos deslizándolos sobre el suelo. Cuanta menos pendiente tiene el plano inclinado, más fácil es subir el objeto, pero más distancia hay que recorrer para conseguirlo.

Cuanta menos pendiente hay, menos fuerza tenemos que hacer.

Cuanta más pendiente hay, más fuerza tenemos que hacer.

La palanca

La palanca consiste en una **barra rígida** que se mueve apoyada sobre un punto, llamado **punto de apoyo**.

En uno de los extremos de la barra hay un peso o **carga**, y en el otro, aplicamos la **fuerza** para mover dicha carga.

Las palancas, como un balancín o un abrebotellas, son máquinas simples que se utilizan para mover objetos muy pesados. También se usan para extraer objetos que están encajados en algún lugar, como la chapa de una botella.

smSaviadigital.com
JUEGA Y APRENDE Descubre con esta animación cómo funcionan la palanca y la polea.

La polea

La **polea** es una rueda con un surco o **canal** por donde se desliza una **cuerda**. En un extremo de la cuerda se pone una carga y, desde el otro extremo, se tira para subirla o se suelta cuerda para bajarla.

La polea es una máquina que nos permite subir y bajar objetos de forma más cómoda que si lo hiciésemos a pulso.

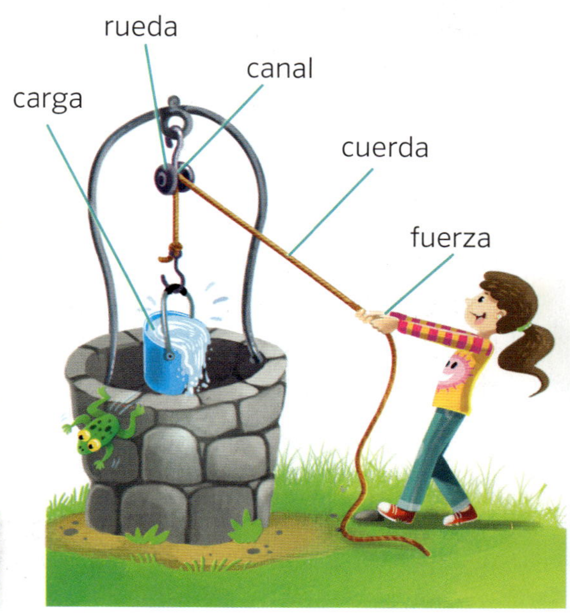

La **rueda**, el **plano inclinado, la palanca** y la **polea** son máquinas simples.

Actividades

3 ¿Qué máquinas simples están usando?

a 

b 

4 El balancín es una palanca. ¿Dónde está el punto de apoyo, la carga y la fuerza?

3 Las máquinas compuestas y sus usos

La mayoría de los aparatos que utilizamos, como una batidora, un ordenador o una bicicleta, están formados por muchos componentes, es decir, son **máquinas compuestas**.

Componentes de una máquina compuesta

En muchas ocasiones, los distintos componentes de las máquinas compuestas son máquinas simples. En las máquinas compuestas, como la bicicleta, cada máquina simple cumple una función.

¡Cómo han cambiado las máquinas!

A lo largo de la historia de la humanidad se han inventado máquinas extraordinarias. Algunas, como el escáner, han hecho posible detectar enfermedades. Otras, como las grúas, nos han permitido construir puentes y edificios, y otras, como los tractores, producir más alimentos.

Estos inventos han ido mejorando con el paso del tiempo gracias a la utilización de nuevas **fuentes de energía**, como la energía eléctrica; a la aplicación de **nuevos materiales**, más resistentes y ligeros, y a los **nuevos diseños**.

El uso de las máquinas

Como hemos visto, las máquinas son muy útiles, pero si no las usamos con cuidado pueden ocasionarnos problemas como los **accidentes** y la **contaminación**:

- Para **evitar accidentes** debemos utilizar las máquinas con precaución y tener en cuenta los consejos de seguridad que se incluyen en sus instrucciones de uso.
- Algunas de las fuentes de energía que usan las máquinas **contaminan** el medioambiente, como la gasolina de los coches que, al quemarse, produce sustancias nocivas que se expulsan al aire. Es muy importante que utilicemos máquinas que consuman poca energía y que no liberen sustancias tóxicas al suelo o a la atmósfera.

> ▶ Las **máquinas compuestas** están formados por muchos componentes que, a menudo, son máquinas simples.
>
> ▶ Las máquinas **evolucionan** con el paso del tiempo.

Actividades

5. ¿Qué máquinas simples encontramos en una bicicleta?
6. ¿Qué diferencias hay entre los materiales y el diseño de estos patines?

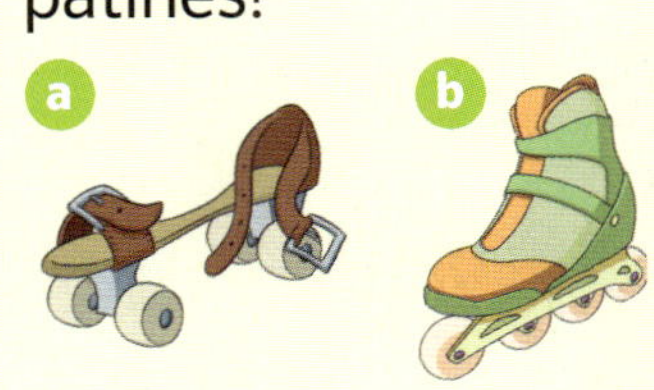

7. Explica cómo podemos cuidar del medioambiente al usar las máquinas.

Así se construye la ciencia

Construimos una carretilla

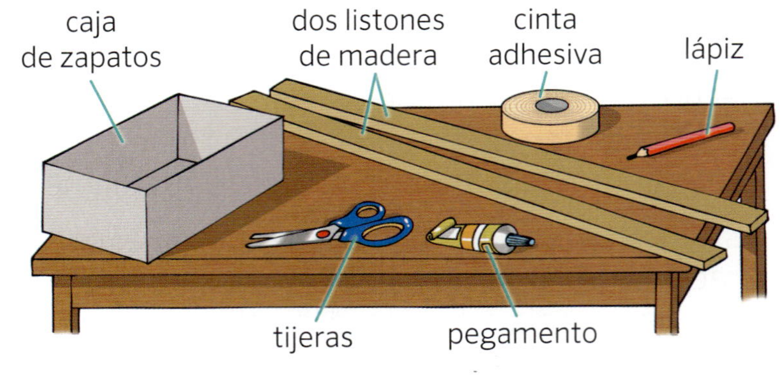

PASO 1 Cortamos un cartón de la anchura de la caja y lo pegamos con cinta adhesiva.

PASO 2 Pegamos los listones de madera a la base de la caja con más cinta adhesiva.

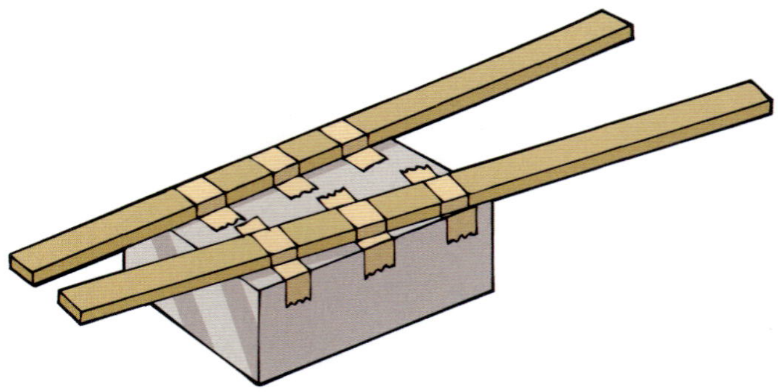

PASO 3 Introducimos el lápiz en el rollo de cinta adhesiva. Serán el eje y la rueda. Después, pegamos los extremos del lápiz a los listones.

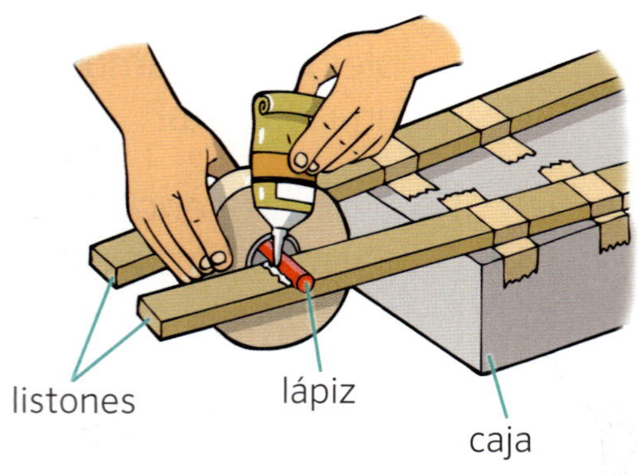

Razono

1. Una carretilla es una palanca. ¿Dónde tiene el punto de apoyo?
2. ¿Qué hemos usado para fabricar el eje de la rueda?

Pongo en práctica

3. Construye una carretilla siguiendo estos pasos. ¿En qué compartimento es más cómodo llevar la carga? ¿En el que está más cerca del punto de apoyo o en el que está más alejado?

Organiza tus ideas

Las máquinas

- pueden ser
  - **Simples**, como:
    - Rueda 
    - Plano inclinado
    - Palanca 
    - Polea 
  - **Compuestas** 
- según la energía que utilizan son
  - Manuales
  - Térmicas
  - Eléctricas

Trabaja con el esquema

1. Indica para qué sirven las máquinas simples que aparecen en el esquema.
2. Copia el esquema en tu cuaderno y añade el dibujo de otra máquina compuesta que conozcas.
3. Elige una de las máquinas que aparece en el esquema. Después, explica cómo ha evolucionado con el paso del tiempo.
4. ¿Qué energía utiliza la máquina compuesta que aparece en el esquema?
5. Clasifica estas máquinas según el tipo de energía que utilicen e indica en qué parte del esquema colocarías cada una.

a

b

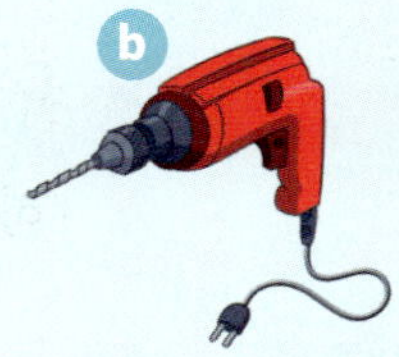

c

d

e

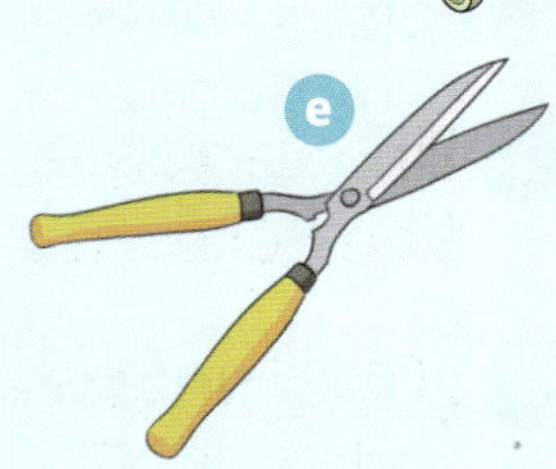

Repasa la unidad

1 ¿Qué máquinas simples identificas en cada una de estas imágenes?

a

b

c

2 Con dos chapas construye un engranaje como este. Gira una de las chapas. ¿Hacia dónde gira la otra? Haz un dibujo e indica los giros mediante flechas.

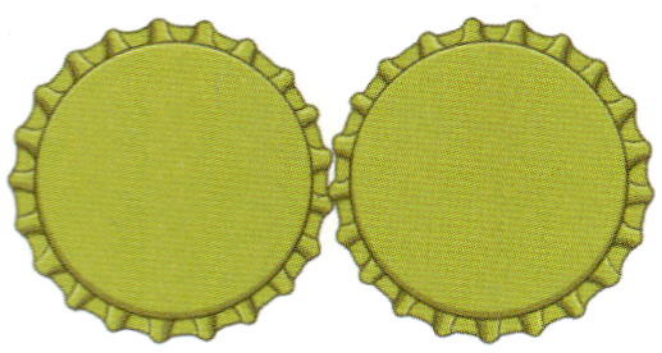

3 ¿Qué máquina usarías para cada acción? Indica si es una máquina simple o una máquina compuesta.

a) Unir varias hojas de papel.

b) Transportar la compra hasta casa.

c) Escribir un correo electrónico.

4 Llega a la meta siguiendo el camino de las máquinas eléctricas. ¿Cuáles son? Anótalas en tu cuaderno.

5 Copia la tabla en tu cuaderno y clasifica las siguientes máquinas.

cascanueces · ventilador · polea · reloj · tijeras · rampa · moto

Máquina sencilla	Máquina compuesta
•••	•••

6 ¡Encuentra las parejas! Relaciona en tu cuaderno el nombre de cada trabajador con la máquina que usa.

sierra	tractor	bisturí
cámara	cirujana	fotógrafa
peluquero	astrónomo	telescopio
agricultor	carpintera	secador

7 ¿Qué intruso se ha colado en cada grupo?

- exprimidor · batidora · hormigonera
- microondas · apisonadora · lavavajillas
- termómetro · jeringa · micrófono
- cámara · bisturí · foco

8 Ordena estas máquinas desde la más antigua a la más moderna. ¿Qué energía utiliza cada una?

a

b

c

d

smSaviadigital.com

VALORA LO APRENDIDO Comprueba lo que sabes en la **autoevaluación**.

Ponte a prueba

Una máquina curiosa

Si se pone en marcha esta máquina, ¿logrará Sultán comerse las salchichas? Para averiguarlo sigue el recorrido de las bolas y los efectos que se van produciendo.

1. ¿Es una máquina simple o compuesta? Explica por qué.
2. ¿Qué tipo de energía crees que utiliza esta curiosa máquina?
3. Indica cuántos planos inclinados, poleas y palancas localizas.
4. Haz un esquema de esta máquina y dibuja el recorrido de las bolas.

Tarea final **Máquinas disparatadas**

Ya conoces los tipos de máquinas que hay y cómo funcionan. ¡Vamos a descubrir dos máquinas disparatadas! ¿Cuáles son?

PASO 1 Buscamos en el dibujo las dos máquinas disparatadas.

PASO 2 Identificamos si se trata de máquinas simples o compuestas, y escribimos sus nombres.

PASO 3 Elegimos una de esas máquinas y hacemos un dibujo de cómo debería ser para que funcionara adecuadamente.

smSaviadigital.com
VALORA LO APRENDIDO ¿Cómo has trabajado?

Tu revista

Ordenadores gigantescos

Los primeros ordenadores eran máquinas que ocupaban varias habitaciones. Se diseñaron para descifrar mensajes secretos en tiempo de guerra. Varias personas a la vez se ocupaban de trabajar con ellos.

Y ocupando tanto espacio, seguro que también eran ordenadores con ratón. ¡Pero ratones de verdad, con orejas y cola!

¿Con qué energía funciona un ordenador?

De un bombón al microondas

Gracias al chocolate se inventó el microondas. Su creador trabajaba en la construcción de unas máquinas. Estaba muerto de hambre y se acordó del bombón que tenía en el bolsillo. ¡Menudo chasco cuando fue a comérselo! Estaba completamente derretido. Relacionó ese efecto con la máquina que estaba construyendo y que le había fastidiado el almuerzo... y diseñó una máquina que casi todos tenemos hoy día en casa para calentar la comida: el microondas.

¿Qué otras máquinas eléctricas usas?

La emocionante carrera de los inventos

La rueda

¡Qué invento tan útil! ¿Cómo se moverían las bicicletas con unos bloques cuadrados? Las primeras ruedas eran probablemente troncos sobre los que se colocaba la carga. Ahora, es difícil encontrar una máquina que no tenga ruedas incorporadas.

El arado

Es una máquina que hace en la tierra surcos donde se echan las semillas. Permitió cultivar grandes extensiones de campo y así, disponer de más alimentos para alimentar a muchas personas. ¡Casi nada!

La imprenta

Una máquina genial. Con ella, en lugar de escribir los libros a mano ¡y con una pluma!, se pudieron hacer muchas copias rápidamente a partir de un texto original. Su inventor fue Gutenberg.

DVD player

¿Crees que esta cámara es una máquina simple?

Una cámara cotilla

Han creado una cámara que puede observar objetos ocultos a la vista, como, por ejemplo, algo que se encuentra detrás de un muro. Será muy útil para los bomberos que busquen personas en un edificio en llamas o para que los médicos puedan ver el interior del cuerpo humano. ¡Pero menuda trampa si se usa para jugar al escondite!

Robots muy trabajadores

Ya no es algo que se ve solo en las películas. Hay empresas que tienen robots para guiar a los visitantes, para limpiar o para cargar pesos. El robot de la fotografía reconoce el lugar en el que se encuentra y a las personas y los objetos que lo rodean. Eso sí, no es muy simpático y no puedes contar con él para jugar un partido.

¿Habría robots en el tiempo de tus abuelos?

La máquina de vapor

Un gran invento que aprovecha el vapor de agua y es capaz de mover motores de trenes, barcos, máquinas de fábricas…

La bombilla

Edison hizo pasar la electricidad por un alambre que se calentaba mucho y emitía luz. Gracias a él, podemos tener luz para nuestras actividades a todas las horas del día.

Ahora usamos bombillas que gastan muy poca energía.

¿Cuál es el invento que te parece más útil? ¿Por qué?

El ordenador

No hace mucho tiempo que se ha inventado esta máquina y ya se ha hecho imprescindible para el control de otras máquinas complejas, hacer cálculos complicados, manejar información, disfrutar de juegos… ¿Tú la usas?

Comprueba lo que has aprendido

Test

¿Recuerdas todo lo que has aprendido durante este trimestre? Compruébalo en este test.

1. Una vela emite luz y emite calor, por eso tiene energía ●●● y ●●● .

A. Luminosa y eléctrica
B. Eléctrica y calorífica
C. Luminosa y calorífica

2. ¿Qué transformación de la energía permite a Gonzalo hacer el zumo de naranja?

A. De energía eléctrica a luminosa
B. De energía cinética a eléctrica
C. De energía eléctrica a cinética

3. Una fuente de energía es renovable...

A. Si es barata.
B. Si es inagotable.
C. Si es fácil de obtener.

4. ¿Qué mal uso de la energía detectas en esta imagen?

A. Es una habitación demasiado grande.
B. Hay un aparato eléctrico encendido que nadie está usando.
C. Está todo correcto.

5. ¿Algunos de los siguientes elementos son máquinas?

pinzas · papel · regla · tijeras

A. Ninguno es una máquina.
B. Sí, la regla y las pinzas.
C. Sí, las tijeras y las pinzas.

6. ¿Qué tipo de máquina es una bicicleta?

A. Una máquina manual
B. Una máquina térmica y eléctrica
C. Una máquina manual y térmica

7. ¿Qué tipo de máquina usa María?

A. Una máquina simple.
B. No es una máquina.
C. Una máquina compuesta.

8. ¿Cuál de estas máquinas se ha inventado más recientemente?

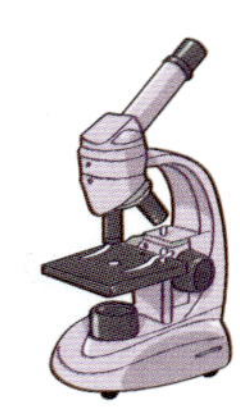

A. El telescopio
B. El ordenador
C. El microscopio

smSaviadigital.com REPASA

La vida en un castillo

Fíjate en la explicación del guía durante la visita de Andrés y sus padres a este castillo.

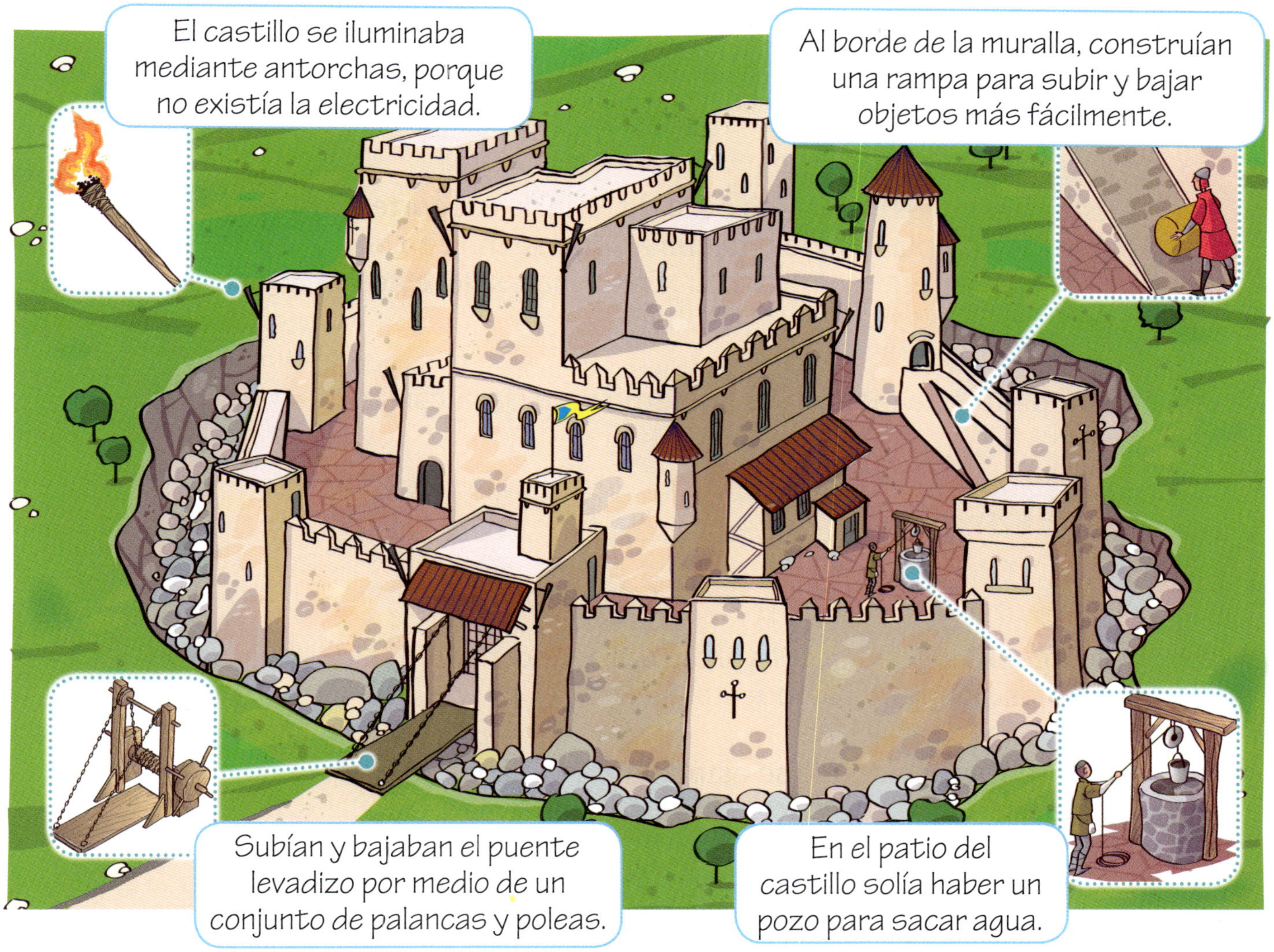

1. En la época de los castillos, la madera se usaba para fabricar antorchas y para calentarse. ¿La madera es una fuente de energía renovable o no renovable? Explica por qué.

2. ¿Qué transformación de la energía permitía iluminar el castillo durante las noches?

3. ¿Qué máquinas ha mencionado el guía? ¿Son simples o compuestas?

4. ¿Para qué sirve cada una de las máquinas del castillo? Explica qué tipo de energía utilizaban.

5. Indica situaciones actuales en las que también se utilicen estas máquinas. ¿Qué tipo de energía emplean hoy día para funcionar?

6. ¿Crees que las máquinas del castillo contaminaban el medioambiente? Explica por qué.

Unos juegos con historia

PROYECTO TRIMESTRAL
Descubrimos la historia

Las máquinas más olímpicas

Los juegos olímpicos son la competición deportiva más importante del mundo. Se empezaron a celebrar en Grecia, hace más de 2.500 años.

Observa estas imágenes. A lo largo de la Historia, los deportes que integran las olimpiadas y las máquinas que se utilizan en algunos de ellos han ido cambiando. ¿Cómo han sido estos cambios?

1. Copia y completa esta tabla en tu cuaderno para clasificar las imágenes.

Antiguo	Actual
●●●	●●●

2. ¿En qué imágenes los deportistas están utilizando máquinas? ¿Son máquinas simples o compuestas?

3. Indica qué fuentes de energía se están utilizando en la vela y en la carrera a pie. ¿Qué transformación de la energía se produce en cada caso?

8

El libro Ciencias de la Naturaleza para **3.º de Primaria** forma parte del Proyecto Editorial de Educación Primaria de SM. En su realización ha participado el siguiente equipo:

Revisión pedagógica
Mercedes Garín

Autoría
Alicia Soria
Alberto Navarro, Sergio López (Tarea final)

Edición
Mireia Casaus, Esther Sánchez, Ángel Rubio, Almudena de Andrés (edición digital), Alicia Mas, Víctor Fuertes, Héctor Martínez

Corrección
David Busto

Ilustración
Juan Manuel Moreno, Luis Doyague, Ángel Ovejero, Eduardo Rodríguez, Félix Moreno, Alberto García Ayerbe, Marcelo Pérez, Susanna Campillo, Jacobo Muñiz

Fotografía
Sergio Cuesta; Laura Villanueva; José Manuel Navia/Archivo SM; Xurxo Andrés Lobato; Montse Fontich; Mattias Tunger/DIGITAL VISION; EFE; THINKSTOCK; 123RF; SHUTTERSTOCK; GETTY IMAGES; AGE FOTOSTOCK; ALBUM; STOCKBYTE; SCALA

Edición gráfica
Laura Villanueva

Diseño de cubierta e interiores
Estudio SM

Responsable del proyecto
Elsa Álvarez

Coordinación de contenidos digitales
Mara Mañas

Coordinador editorial de Ciencias
J. G. L. de Guereñu

Coordinación editorial de Primaria
Pilar Menéndez, Nuria Corredera

Coordinador de Arte y Diseño
Mario Dequel

Dirección editorial
Aída Moya

Ilustración de cubierta de Xavier Salomó, del libro *Versos de colores*, SM, 2012.

Todas las actividades contenidas en este libro han de ser realizadas en un cuaderno aparte, nunca en el propio libro.
Los espacios incluidos son meramente indicativos y su finalidad es puramente didáctica.

ISBN: 978-84-675-7001-4
Depósito legal: M-04.527-2014
Impreso en la UE / *Printed in EU*

Este libro está impreso en papeles procedentes de bosques gestionados de manera sostenible